咖 啡 之 道

[日]大坊胜次,[日]森光宗男——著

童桢清——译

新 星 出 版 社 NEW STAR PRESS

COFFEE-YA by Katsuji DAIBO & Muneo MORIMITSU
Copyright © Katsuji DAIBO & Mitsuko MORIMITSU & Akiko KOSAKA 2018
All rights reserved.
Original Japanese edition published in 2018 by SHINCHOSHA Publishing Co., Ltd.
Chinese translation rights in simplified characters arranged with SHINCHOSHA
Publishing Co., Ltd. through East West Culture & Media Co., Ltd., Tokyo Japan
Simplified Chinese edition copyrights: 2023 New Star Press Co., Ltd., Beijing China
著作版权合同登记号：01-2022-1097

图书在版编目（CIP）数据

咖啡之道 /（日）大坊胜次，（日）森光宗男著；童桢清译 . -- 北京：
新星出版社，2023.1
ISBN 978-7-5133-5100-3

Ⅰ.①咖… Ⅱ.①大… ②森… ③童… Ⅲ.①咖啡－基本知识 Ⅳ.① TS273
中国版本图书馆 CIP 数据核字（2022）第 233358 号

咖啡之道

[日]大坊胜次，[日]森光宗男 著；童桢清 译

策划编辑：东　洋　　**责任编辑：**李夷白
责任校对：刘　义　　**责任印制：**李珊珊
装帧设计：x 1000 Shanghai

出版发行：新星出版社
出 版 人：马汝军
社　　址：北京市西城区车公庄大街丙3号楼　　　100044
网　　址：www.newstarpress.com
电　　话：010-88310888
传　　真：010-65270449
法律顾问：北京市岳成律师事务所

读者服务：010-88310811　　service@newstarpress.com
邮购地址：北京市西城区车公庄大街丙3号楼　　　100044

印　　刷：北京美图印务有限公司
开　　本：787mm×1092mm　　1/32
印　　张：8.75
字　　数：155千字
版　　次：2023年1月第一版　　2023年1月第一次印刷
书　　号：ISBN 978-7-5133-5100-3
定　　价：78.00元

目录

前言

大坊胜次

森光先生。

虽然花了一些时间，但这本对谈的书总算面世了。让我们一起为之喜悦吧！

可是，为什么您现在不在这里呢？我还有许多问题想要请教您。不只是我，许多咖啡爱好者也有很多问题想请教您。

您鲜明的个性就这样突然消失了。它留下的空洞，我们却无法填补。可能从今往后，这份空洞会越来越大，而我们在其中继续着自己的探寻。

森光先生，您不是说向后辈言传身教是使命吗？您不是说越来越清晰地看到今后应该做的事情吗？

我真的很惭愧，总是只考虑自己的感受。停止开第二家店的计划也是因为自己无法在店里，不传给下一代也是这个理由。我一直认为，咖啡的味道只要自己觉得好喝就足够了。

但对森光先生您来说是存在一个世界的。这个世界的前方有咖啡之神。您怀抱着全世界咖啡人共同朝这个目标前进的理想，并且为此有着明晰的咖啡理论。也许这本书存在的理由就是把森光理论以有形的载体呈现给读者吧。不过，您的使命并没有完成啊。

要是当初我随着您去埃塞俄比亚或也门就好了，也许会找到更好的咖啡豆。也许森光先生走出去，而我留在这里，即是所谓的各自的擅长领域。若是说擅长与不擅长的话，持续转动手摇烘焙炉，可以说是我擅长的吧。也许我希望自己变得渺小，安静地做着自己想做的事。社会的风潮吹拂而过，而我依然留在这里。虽然我的所有行为也不是一以贯之，但从结果上看可能会有这样的一面。

比如，看到有人在用手摇烘豆器烘焙，我就会想，啊，找到了同伴。不过下次再去那家店，对方已经装上了电动烘豆机。这也是理所当然的事，可我是不会换成电动机器的。可能用电动机器做烘焙的确很简单，但手摇的话仅凭一己之力就能完成烘焙，我觉得这样更省事。不管摇三个小时还是四个小时，很多时候甚至用手不停地摇五个小时，确实会感到厌烦。即便如此，我也不会想使用电动烘豆机，而是去思考如何享受这段烘焙的时间。比如，一只手转动烘焙炉，一只手拿着书看。尽管有的书单拿着很重，我也读了许多。"大坊咖啡店"书架上放着的文库本很多都是我在烘焙的时间里阅读的。

烘焙一般会选在客人比较少的时间段。不过，如果面前有客人在的话，读书是非常失礼的。不能这么做。先不说是对客人失礼，做烘焙这么重要的工作的时候，还读着闲书，这个行为一定让人觉得态度不够认真。所以我会合上书本。但这样一来，我在烘焙的时候视线就默默地注视着前方，眼前的客人也一语不发地看着我烘焙。两个人隔着触手可及的距离，面对面地坐着。

"……"

可能对方是第一次来店的客人。也可能不是第一次来，却是未曾交谈过的人。

"……"

越过客人的肩膀能看到窗户。上午，清澈的阳光照射进来。烘焙咖啡豆而产生的烟雾在阳光的照射下，飘浮在空气中。风从窗户开着的缝隙里溜进来，吹得烟雾随之起舞。

"……"

"差不多了吧……"

"欸？"

"如果不减弱火力的话……"

"……"

"会变苦的吧……"

"不是吧，即使那样……"

"不过提前减弱火力，苦味又会变得不够……"

"……啊，是这样……"

"该怎么办呢？"

"嗯？"

烟雾越来越浓烈，需要我集中注意力观察烘焙程度，也就没有空闲观察客人的表情了。随后烘焙渐入佳境，我把豆子倒出来。这就完成了一件事。再次抬起目光时，正好与客人的视线相遇。彼此会心一笑。好像烘焙是与客人共同完成的工作，这样的时刻对我来说挺开心的。

客人突然被我搭话，应该受到了惊吓吧。我完全不知道坐在店里的客人是怎样的心情，也许并不开心。不过，烘焙很快就结束了，我也顺其自然地搭了话……虽然这些只是偶然事件。但我希望举一些曾经发生过的例子，来说明手摇烘焙并不是只有痛苦，也会有开心的时候。

如果咖啡豆烘焙是在单独的房间里进行，就不可能发生以上的情况。当然，营业时间里，在客人面前制造大量烟雾绝不是值得表扬的事。

越早减弱火力确实越能够抑制住苦味。减弱火力，等达到酸味消失的温度点，然后在此基础上再稍微抬高一点温度，涩味也随即消失。手摇烘焙能够探索出风味变化的关键温度点。嗯，也许正因为一直在未知中探索，才会有这样的乐趣吧。

我并不知道刚才的客人是出于何种原因来到咖啡店。客人离开以后，过了两三天，甚至是关店（也就是现在）以后，我偶尔也会想起他们。

我俩面对面。随着时间的流逝，我像是在自言自语一般，跟这位客人搭了话。可怎想到反而更显得空虚。我转着手摇烘豆器，就算是有想要问的话，当时也不是好的时机。要说的话，当时的场景里，我更像是不允许别人打扰的状态。可是，烘焙咖啡豆的人，是想让咖啡变得好喝。因此，总是会考虑很多。是维持现在的火力，还是需要减弱火力，哪一种处理方法才能够更多地呈现出甘甜的味道。这是我一贯的姿态。基本上我是处于专注在烘焙的状态。如果这时候突然被客人搭话，我的状态也许会在他注意力分散的瞬间乘虚而入，传递到他的身上。下一个瞬间，咖啡豆烘焙完毕，带着烟雾被放在竹篓里等待冷却。如果我和客人的情绪相互感染，我就会有种共同工作的成就感。当然，以上纯属妄想。如果那位客人被我的积极情绪所感染——我无法妄下定论，也许他刚进店里来的时候，内心有些郁郁——或许会带着愉快的心情回家。

这样想，我会很开心。

不管是烘焙工序还是味道，可以说只要我自己觉得好就够了。可是这种方式并不能成为传达给后辈的理论。

与森光先生的对谈结束后，我多希望能够与您再次进行谈话。我想更多地听您讲述森光理论，而我则细数自己过去的经验。如果允许的话，还可以进行三人对谈、四人对谈，比如邀请"待梦咖啡店"（待夢珈琲店）的今井利夫先生、"千纸鹤咖啡店"（珈琲·折り鶴）的藤原隆夫先生。咖啡人聚集在一起开怀畅谈。

在日常生活的繁杂之中，人们会忽而停住行走的脚步。在停留的片刻，回望过去，思考未来。驻足之地有很多，如果咖啡店里的椅子能够成为人们短暂停留的一个场所，我将不胜欣慰。

此书问世的经过

小坂章子

有两位咖啡职人将自己的一生奉献给了一杯咖啡。他们是岩手县盛冈市出身的大坊胜次和福冈县久留米市出身的森光宗男。

两位作为咖啡店的店长，在四十余年间，专注于以自家烘焙和手冲法兰绒滴滤这两种手法制作深烘咖啡，持续不断地进行着探索。

两位的咖啡店，名字分别叫作"大坊咖啡店"（大坊珈琲店）和"咖啡美美"（珈琲美美）。

他们制作的一杯咖啡，经过了一道又一道的手工工序，雅致与人情兼备，个人的品性宿于其中。在岁月的历练之下，诞生出别具一格的香味，无人能效仿。因此，同行的人把他们称为"东之大坊，西之森光"，也反映了两位前辈的伟大之处。

如今，全世界的咖啡行业呈现出前所未有的活跃。而在日本，20世纪70年代掀起了以喫茶店[1]为代表的第一次咖啡浪潮；1996年第一家星巴克在东京银座开业，掀起了第二次咖啡浪潮；在2003年出现了用数值来评判咖啡豆风味的精品咖啡风潮。精品咖啡风潮对于生长在罕见的栽培环境中的咖啡豆进行重新评价，这一举动给咖啡行业带来了共同的语言和技术，为整个行业注入了新的活力。

随后，2010年以后，全世界进入了第三次咖啡浪潮：明确咖啡豆的产地、品种以及庄园名品种。在第三次咖啡浪潮中，最具有代表性的则是创始于美国奥克兰的蓝瓶咖啡（blue bottle coffee）。据说，蓝瓶咖啡的创始人詹姆斯·弗里曼（James Freeman）深受日本喫茶店文化的启发，他将这些启发运用在了自己的店里。其中，弗里曼先生从"大坊咖啡店"的一杯法兰绒手冲咖啡里品尝到了特别的感动。在凝结了咖啡师对咖啡的爱的纪录片《一部关于咖啡的电影》

1　喫茶店（又译作"吃茶店"）是一种日本特色餐饮店，出售咖啡、红茶等饮品以及和果子等简单食品。在法规上，喫茶店和咖啡店（cafe）主要的区别在于经营许可证。一般而言，"喫茶店营业许可"更容易取得，然而喫茶店不允许出售酒类和进行烹饪，咖啡店可以提供酒类等饮品，需要"饮食店经营许可"。总体而言，在日本，喫茶店在装潢风格上相对复古，大多保留了大正和昭和时期的传统日本风格。而咖啡店则相对现代时尚，多数日本咖啡店会使用英文标记的"cafe"或日文汉字的"喫茶店"两种标示。鉴于"喫茶店"是日本大正时期开始流行起来的独特的生活文化，带有明显的时代特征和美学，译者在本书中保留其原文称呼。（译注，余同）

（*A Film about Coffee*）中，就有大坊先生萃取咖啡的长镜头画面。

可以说，日本的喫茶文化在其他国家和地区的人看来是十分特别的。尤其是完全不讲求效率的法兰绒手冲咖啡。操作起来的麻烦程度甚至让人觉得，如果没人有强烈的意志来传承它，它什么时候消失都不足为奇。

但是，不管机械化如何先进，工具如何方便，日本人总是强调使用双手，用手思考，用手造物。咖啡也不例外。也许正因为如此，两位先生的话语才会保有隽永的生命力。

一滴，又一滴。根据世界上最早的咖啡书记载，使用绒布进行手冲咖啡的历史可以追溯到1763年的法国。早在那个时候，人们往磨好的咖啡"土地"里缓慢注入热水进行萃取。绒布指的是法兰绒，也就是棉布。把单面起毛的棉布挂在过滤器的框架上，然后注入热水，提取咖啡精华。这种萃取方法实现了从"煮"到"过滤"的变迁。之后，日本的前人们在过滤方式上做出了改良，改为左手拿法兰绒滤布，右手拿手冲壶的手冲方式。在萃取的过程中，双手始终不离开。由于无法进行除此之外的任何事情，所以每一滴都倾注了咖啡师的全部心力。一边观察咖啡粉末的状态，一边做出细微的调整，从而制作出细腻的风味。就这一点来说，这实在是精湛的手工活。

对于咖啡师来说，另一个不可缺少的部分是自家烘焙。森光先生使用的是容量5kg的电动烘焙机。大坊先生使用的则是不依靠动力的1kg容量的手摇烘豆器，靠自己舌头的认可制作出本人满意的咖啡豆。

就是这样的两个人，令人意外的是，他们都出生于1947年。在位于东京吉祥寺的咖啡店"自家烘焙MOKA"（自家焙煎もか），当时的森光先生是初来乍到的新人店员，大坊先生则是立志成为咖啡师的客人，两人在此相遇。好像是在两位先生各自独立开店之后，才真正对上彼此的面孔和名字。开在东京的"大坊咖啡店"和位于福冈的"咖啡美美"有共同的客人，所以听到过彼此的传闻。尽管两位先生并没有真正地交谈过，但都视对方为同一条道路上的"挚友"。这样的关系听起来有些不可思议，可是人和人之间的磁场也许就是这样。

我人生中的宝贵财富，当然包括和大坊先生、森光先生的相遇，还有和全国各地深受人们喜爱的个性十足的咖啡店店长们的相遇。在福冈成为自由撰稿人的几年后，2007年，拙著《福冈喫茶散步》（书肆侃侃房）出版了。伴随着开放式咖啡店的出现，昭和氛围的纯喫茶店[1]逐渐消失。这本书中包含了我对曾经的昭和时代纯喫茶店的向往之情。

借由采访，我开始和森光先生交流。森光先生向我介绍了全国的咖啡店，"大坊咖啡店"就是其中的代表。

我去东京出差的时候，怀着欣喜的心情爬上"大坊咖啡店"的狭窄楼梯，径直坐在吧台前，啜上一口浓郁的咖啡，

1　早期许多喫茶店会有女侍者提供"特殊服务"，只提供餐饮的喫茶店为与之区别称为"纯喫茶店"。

仿佛回到我的巢穴一般，安心极了。

之后，我犹如一只信鸽在"咖啡美美"和"大坊咖啡店"之间来来回回。在此期间，我逐渐认识到两位先生对彼此的咖啡和人生态度都抱有极大的亲近感。同时，我感受到两位先生对咖啡店的存在方式和待客之道的理解有许多重合的地方。虽然两位的店类型不同，但本质却是一样的。一杯咖啡所传递出的咖啡师的品性、真诚和优雅，这些特质从何而来？又是如何形成的？我希望请两位谈一谈这些事情。于是便有了写这本书的计划。

共计三次的对谈，透露出日本东北人和九州人的不同气质。读者能够充分感受到两位先生各自的特点。大坊先生在表达自己的想法时，总是会留出很长的间隔。森光先生则恰好相反，他语若流星，很难预见他在什么时候，会开始什么话题；随时随地都有可能搭话，是完全看不懂的类型。大坊先生爱深思熟虑，独自漂流在沉默的浪尖，经过一段时间后他终于找到出口，准备张开嘴。恰逢此时，森光先生抢先一步说道："我呢，是这样的。"

很难说森光先生开口的时机是好是坏。大坊先生被折断了话头，渐渐地越来越安静。森光先生依然优哉游哉地谈论着自己的理论，没过一会儿大坊先生也听得入了神，"啊，我也是这样想的"，大坊先生像孩子一样笑着表示同意。两人的对谈内容丰富，话语里编织出他们平时在咖啡店里未曾展露的，棱角分明的人物形象。

第一次对谈是在 2013 年 10 月，地点在森光先生位于福冈市的咖啡店。第二次对谈是同一年的 11 月，在大坊先生位于东京的咖啡店。第三次对谈是 2014 年 1 月，我们再次回到福冈。可是，之后的工作一直毫无进展，只有时间在飞快地流逝。在那段时间里发生了很多事。首先是"大坊咖啡店"由于大楼的老朽化而关店。三年后，森光先生作为法兰绒手冲咖啡研讨会的讲师前往韩国。他在那里倒下了，再也没有起来。

我想到两位先生也许在数着日子等待对谈集的完成，内心充满了歉意。我重新整顿心情，努力尽快让两位先生的对谈问世。

本书的内容参考了大坊先生的意见，或许对读者来说有一些难以理解和含混不清的地方。在内容构成上尽可能地保留了对谈的原文，希望能够如同纪录片一般，如实地展现出两人的关系和平时为人处世的风貌。此外，在回答编者提问的部分则加入了一些解说，以便并不了解咖啡的读者理解。关于在身后默默支持两位先生的夫人，大坊惠子女士和森光充子女士，则另开设章节介绍。

书名"咖啡屋"[1] 里包含了两层意思。一层是指从咖啡的源头到下游全程（从生豆的烘焙，到萃取，再到最后用全身五感来品尝一杯咖啡）都由自己负责的咖啡职人；另一层含义是咖啡职人所经营的咖啡店。

就像两位先生夜以继日地凝视着手上的咖啡一样，不

---

1 本书日文书名"珈琲屋"的直译。

管什么样的工作，只要全身心地投入并且从始至终地坚持，一定能够邂逅人生最普遍的本质。用一杯咖啡向世人展现出这样的可能性，我想这正是身为"咖啡屋"的两位先生的工作。

在"大坊咖啡店"关店的时候，为什么那么多的人会不舍离别？我想大家除了惋惜于失去了一位怀抱信念，在人生路上坚持自我的伟大的咖啡职人，更多是因为与店长相交集的个人时光即将随着关店而被剥夺、消失，人们对此感到痛心。

到底什么才是"咖啡屋"呢？我想，最终的答案需要抛弃一切条件，抵达个人存在的本质。因为无论在什么时代，做咖啡、喝咖啡的，都是人。

两位先生在思考什么？他们走过了怎样的人生？我希望读者通过这本对谈集，从两位的话语、思想、举止以及店里的氛围中能够感受到一个美的世界。

本书中的照片

小坂章子

在此，我想简单地对卷首的照片做一些补充。第1页的照片是每天早上放在"咖啡美美"窗边的咖啡颜色样本。为了更加直观地体现出好咖啡的颜色是清透的这一点，店里使用的是玻璃容器。咖啡液体的颜色就如同三棱镜折射阳光一般复杂多变，受到很多因素的影响：比如观看的地点或角度，使用的豆子，冲泡方法，用来盛装的容器……本书选用的一张照片，表现出咖啡迎着光线呈现的幽微琥珀色。

从第2页开始，是现在已经不复存在的"大坊咖啡店"的照片，店内的样子令人怀念。第4—5页从左上角的照片开始，逆时针方向依次是：从东京表参道大街十字路口望向咖啡店的样子；盛在升高先生[1]的陶器作品里的法兰绒手冲咖啡；刚烘焙好的咖啡豆装在竹篓里的样子，犹如宝石一般闪耀着光芒；注入细如线般热水的萃取方法；挂在店内的绘画，后文中有介绍，当时店内正在举办平野辽的绘画展——"一幅画的展览"，我记得时不时有客人在画的前方停住脚

1　升高（升たか，1946— ），日本画家，陶艺师。

步，安静地观赏；当烘焙渐入佳境时，大坊先生专注地倾听着咖啡豆的"私语"。下一页是早晨窗边的景色。衣架上挂着店长的外套，让人感到一丝生活气息。往炉膛里插入取样棒的动作干净利落，大坊先生在烟雾缭绕的空间里认真烘焙的样子，构成一幅令人心醉的画面。

从第8页开始，让我们走进"咖啡美美"：在烘焙之前，对生豆进行微处理是"美美"派的做法；一杯香气浓郁、风味优雅的法兰绒手冲咖啡；一边欣赏熊谷守一的绘画，一边品尝咖啡是多么的幸福。翻到下一页：用手掌和洗净后放置了一晚的生豆交谈；从烘焙室可望见榉木大道，烘豆机是从老师那里继承的，烘焙从清晨给炉膛点火开始。下一页的照片里是伴随四季景色流转的吧台座位。每一处角落都渗透出店长的审美情趣。翻到第14页，透过法兰绒滤布下坠的一滴咖啡闪耀着琥珀色的光辉，滤布中的咖啡大地上则浮现彩虹的光芒。晚年，店长森光先生常身着心爱的蓝色工作服，衣领上别着琥珀石头。他说，非常珍惜坐在店里安静地喝完一杯咖啡而归的客人。第16页，结束一天营业后的"美美"，已经成为街道中一处不可或缺的风景。

照片中的绘画作品均已取得逝者家属的刊登许可，特此注明并表示由衷的感谢。

两位咖啡师的人生轨迹

大坊胜次

1947 年出生于岩手县盛冈市。1972 年进入"大路咖啡店"（だいろ珈琲店）工作。在店里积累了开咖啡店的基础知识后，1975 年 7 月，在东京都港区南青山的一所大楼二层创立了"大坊咖啡店"。以手摇烘豆器进行自家烘焙并以法兰绒手冲咖啡为中心。自开业以来，秉持着全年不休店的原则，向全世界的咖啡爱好者们提供法兰绒手冲的深烘咖啡。2013 年 12 月由于大楼老朽，不得不拆除，"大坊咖啡店"也令人遗憾地关闭了。伴随着关店，大坊先生制作并限量发售了 1000 册个人出版物《大坊咖啡店》，书中收录了35 位友人的文章和自己撰写的"大坊咖啡店"手记。2014年，远赴中国台湾，为自家烘焙的咖啡店的经营者举办烘焙、萃取的讲座。2015 年 12 月，出演了在日本公映的纪录片《一部关于咖啡的电影》，并且让全世界认识了日本独特的手冲咖啡文化。2017 年，受 FUJI ROYAL 品牌邀请，监制了限量贩卖 50 个的"FUJI 手摇烘焙炉"。如今，大坊先生在日本全国各地讲授手摇烘焙和萃取方法，交由后辈们传承。

森光宗男

1947 年出生于福冈县久留米市。1966 年，从福冈县久留米高中毕业，之后前往东京，就读于桑泽设计研究所。在夏威夷的瓦胡岛上旅居半年之后，1972 年开始在东京吉祥寺的咖啡店"自家烘焙 MOKA"工作，师从店长标交纪。五年后，回到福冈。1977 年 12 月，在福冈市中央区今泉创办法兰绒手冲咖啡店"咖啡美美"，提供店内饮用的咖啡并销售自家烘焙的咖啡豆。1987 年，前往也门的巴尼马塔尔（Bani Matar）、哈加拉（Al Hajjarah）、马纳哈（Manakha）地区进行咖啡产地考察。此后，因为痴迷于摩卡咖啡独特的香辛气味，奔赴也门 5 次、埃塞俄比亚 7 次，另外还前往肯尼亚、印度尼西亚、菲律宾等咖啡产地，进行咖啡的寻根之旅。2009 年 5 月，"咖啡美美"的店址搬迁至福冈市中央区赤坂榉木大道。2012 年，出版著作《从摩卡开始》（手之间文库出版社）。2016 年，设计并监制法兰绒手冲器具"Nel Brewer NELCCO"，由 FUJI ROYAL 品牌销售；同时开展法兰绒手冲的推广活动，致力于实现在家也能喝到不输给咖啡店里的法兰绒手冲咖啡。2016 年 12 月，在韩国参加法兰绒手冲咖啡推广研讨会的返程途中，倒在了仁川机场，骤然逝世。享年六十九岁。（现在，"咖啡美美"由妻子森光充子女士接手，仍在营业中。）

对谈 1

2013 年 10 月 15 日
在"咖啡美美"
大坊胜次拜访森光宗男

大坊：我也买了和森光先生您一样的眼镜。

森光：是"鲁山人[1]眼镜"吧。

大坊：我今天戴着您送给我的帽子呢。我还不太习惯戴帽子。

森光：好好把帽檐展开。对对，就像襟立先生[2]戴着的样子。

大坊：您别说这种折煞我的话。这是哪家店的帽子呢？

1　北大鲁山人（1883—1959），出生于京都，本名房次郎。拥有篆刻家、画家、陶匠、书法家、漆艺家、美食家等各种不同的身份。常佩戴接近正圆形的全框眼镜。

2　指仓敷"咖啡馆"（珈琲馆）的店长，襟立博保。（原注）

森光：这是我自己设计然后定制的。我印象里襟立先生曾经戴的帽子是没有接缝的。在伊斯兰文化圈，男人们头上会戴一种叫作"凯菲耶"（keffiyeh）的方巾头饰。先戴上叫作塔基亚（taqiyah）的小圆帽，再包上头巾。"凯菲耶"的发音听起来和"咖啡师"很接近。我看网上也是这么写的。

大坊：我给您带来了法兰绒咖啡专用的杯子（亲手把杯子递给森光），就当作是您送我帽子的谢礼。因为这顶帽子是我执意要您送给我的。

森光：哇！那我就恭敬不如从命了。

大坊：不过这件器物是有开片[1]的。

森光：嗯，有开片才好。

大坊：可是这个开得不算好看，纹路模糊得很。

森光：我曾经从别人那里买过硬质陶器作为咖啡杯使用，可惜开片的状态不尽如人意。谢谢。

大坊：您平时随意用用就好。

森光：这个彩绘真美，是谁画的？

大坊：是升高先生。

森光：原来是升高先生。前段时间，我刚好读了他谈论"大仓陶园"[2]咖啡杯的采访。文章里写到咖啡杯基本都是圆

1　陶瓷器釉面自然开裂形成的特殊纹理。

2　西餐餐具制造商，1919年创立于日本横滨，生产的青花瓷器具有很高的观赏价值。（原注）

筒形的。[1]但我的咖啡店并不使用圆筒形的咖啡杯，而只使用圆锥形杯底的杯子。这种形状的杯子会将杯内侧反射的光线聚拢起来，让咖啡在视觉上看起来更加明亮。

大坊：越喝下去，咖啡杯的颜色会看起来越漂亮吧。"美美"店里用的咖啡杯都是敞口形的。宽敞的杯口和杯沿外翻的设计在喝的时候与嘴唇的贴合度很好。您是特意选的吗？

森光：对。（大坊先生）您现在手上拿的是 KPM[2] 的杯子，外观虽然简陋但特别轻巧。

大坊：啊！真的。

森光：通常敞口的杯子重心会偏向杯柄的对侧，不便于手持，但是这款杯子在制作时特意考虑了这个问题。这就是能称得上是工艺品的杯子的妙处。

大坊：大仓陶园制造的杯子，杯柄设计得粗一些，中间的空隙很小，手指无法穿过，因此需要用手夹住杯柄才能将其拿起来。这样的设计使得拿杯子的时候，杯子的重心自然而然倾于手的一侧。

森光：没错。

大坊：这一点也是我喜欢的地方。另外，大仓陶园特有

1　这是因为过去餐后饮用少量浓缩咖啡是主流。（原注）

2　德国柏林皇家瓷器制造厂（Königliche Porzellan Manufaktur Berlin），建于 1763 年的瓷器制造厂。（原注）

的白色真是美极了。

森光：我觉得比起国外制造厂的产品，大仓陶园的白色是最纯净的。想必用的是优质白色陶土。

大坊：拿起来的时候真的能够感觉到杯子的重心落在手的这一头。

（大坊喝了一口端上来的咖啡）今天的摩卡依诗玛莉[1]非常好喝啊！

森光：哪里哪里，哈哈哈，非常感谢。

前几天我读了您和OOYAMINORU先生[2]在对谈录《什么是好喝的咖啡？》（美味しいコーヒーって何だ？）这本书中对风味的讨论。

大坊：您读了啊？那么就请讲一下您的看法吧。

森光：您提出的"7"基准很有意思。

大坊：我用数字"7"来表示深烘咖啡豆的烘焙度。在这个烘焙深度的时候，豆子的酸味逐渐减弱到几乎无法察觉，甘甜味崭露头角。烘焙师以此为基准线，决定是否要进一步做深度烘焙。这个数字其实是8还是9都没关系，只不过我暂定为"7"。

1　摩卡依诗玛莉（Mokha Ismaili），也门的著名咖啡豆品种，一说得名于树种，一说得名于产区。

2　OOYAMINORU（オオヤミノル），咖啡烘豆师，1967年生于京都，经营咖啡烘焙店OOYACOFFEE ASSOCIEES（オオヤコーヒ焙煎所）。

森光：虽然在第三次咖啡浪潮[1]中，人们非常强调咖啡的香味和酸味，但咖啡其实是果实的种子，所以在我的认知里，它一直是坚果般的风味。大坊先生在您的那篇对谈中提到银杏。我则更喜欢追寻类似核桃、可可豆、肉桂、夏威夷果，或者是果干的风味。

大坊：……

森光：您怎么看？

大坊：迄今为止，我不会用"像……"的方式去理解咖啡的味道。我只是去体会它的甘味如何，酸味以何种方式留下，苦味以怎样的姿态出现。

森光：您说得没错。咖啡就是苦的嘛。虽然这点一直为人诟病，但咖啡因的苦味始终都存在，这是无法改变的事实。

我的老师，也就是"自家烘焙MOKA"[2]咖啡店（位于东京吉祥寺区）的店长（标交纪先生）常说的一句话是：苦味是典雅的，有品格的。苦味以怎样的姿态呈现，靠的是咖啡师个人的感觉。

大坊：我之所以用数字来表示烘焙度，就是为了谈话时

---

1 第一次咖啡浪潮使速溶咖啡进入各个家庭；第二次咖啡浪潮以星巴克咖啡为代表，提倡品味香气浓厚的咖啡豆；之后兴起的第三次咖啡浪潮普遍认为是受到日本传统咖啡店的影响，以"蓝瓶咖啡"为代表，提倡严选优质生豆进行自家烘焙，并采用细致的手冲方式当场为客人制作咖啡。（原注）

2 后文简称MOKA。

便于双方理解。如果把烘焙度调到比"7"深一点，那么苦味会以怎样的姿态出现？有一种苦味的呈现方式是甜包裹着苦。若是烘焙度比"7"稍微浅一点，出来的酸味可能是甜中带酸。我觉得这是令人愉悦的酸味。

森光：以前大家都说茶之味在于涩。我一直在想，茶汤的"涩"这一词，换作咖啡的话应该用什么词来形容呢？想来想去，我觉得应该是"醇厚"。"醇厚"这个词的意思，大家都知道吧。我相信每一个人都有体会。

大坊：茶的涩味和栗子的涩味是不一样的。咖啡的涩味也不是栗子的涩味。听您的意思，您在说"涩"和"醇厚"两个词的时候，是带着对这两种体验的正面评价吧。

然而，在咖啡这方面，烘得浅的咖啡有时候会喝起来涩口，或者是咖啡的酸味过于强烈，液体在口中扩散出栗子一般的涩味。您没有这样的体验吗？

森光：嗯，我在荻洼的咖啡店"琲珈里"[1]喝到过酸味很棒的咖啡。那一杯非常酸，但是很好喝。不管我个人的喜好如何，酸味的咖啡也有很好喝的。

大坊：嗯嗯，确实如您所说。

森光：我们在表达酸味的时候，并没有做到清楚地区分主观感受的"酸度"和咖啡豆客观的"酸质"。光是讨论"探究酸味"这一点，恐怕都可以单独做一次咖啡师讲座了。

---

1 "琲珈里"在荻洼站南口前的小巷子里，是一个很小的空间。（原注，"琲珈里"现已关店。）

大坊：刚才我问您做浅烘的时候是否有过涩口的味觉体验，我的意思不是说所有的浅烘咖啡豆都会这样，有的浅烘也能够表现出很好的酸味。不过，您在实际中并没有体验过那种栗子般干涩的口感吗？

森光：我不是很明白您说的"好的酸味"和"涩"的不同之处。比如危地马拉品种就有着恰到好处的"涩感"。

大坊：啊，在这点上我和您看法相同。我做很多豆子的风味品测。有一次感受到了某种咖啡豆产生的好的"涩感"，让我想要保留它的这个特点并让它成为拼配豆组合的新成员。这个咖啡豆就是您刚才说的危地马拉。

森光：对、对。

大坊：不过最近我非常喜欢危地马拉"涩感"将要消失的状态，我试图引出那个临界点的风味。

森光：这样啊。

大坊：用布来比喻的话，我发现这样会诞生出颗粒般的口感，像是麻布或是纹理略粗糙的纱布。我为了在整体风味里加入恰如其分的"涩感"而选择了危地马拉。然而现在的目标是探寻这种"涩感"消失的临界点。

森光：危地马拉咖啡豆本身带有这样的风味。然而我们该如何才能更好地表现它呢？

大坊：您店里的菜单上有危地马拉吗？

森光：当然是有的。

大坊：我的店里没有。虽然我在研究危地马拉咖啡豆，但是我只把它放在拼配里。

森光：在我的菜单里有以曼特宁为基调的咖啡"E 趣

味"[1]，它的拼配中混着危地马拉；还有做冰咖啡、浓缩咖啡以及特调咖啡的豆子里也会用危地马拉。我想是因为像刚才我们说的，这个咖啡豆能够达到保留最后一点涩味的那种美味，非常适合冰咖啡。

您能够用手摇烘焙找到那种味道，太厉害了。

大坊：别人经常对我说：您太厉害了，能够用手摇烘豆器进行烘焙。电动机器用起来真的更方便吗？

森光：很方便呢。

大坊：没有吧，都是一样的吧。

森光：不，电动机器更方便呢。一开始我采用的是手网烘焙。之后试过下锅炒豆，然后是手摇烘豆器。现在是电动烘豆机。容量从最初的 3kg 到现在的 5kg，逐渐能够熟练地掌控。只有在双手能够掌控的范围内才谈得上是手艺。大坊先生您用手摇烘豆器也是如此。我用电动烘豆机一次最多也就只能控制 5kg 的量。

大坊：自己的舌头很清楚地知道所追求的点。不论使用哪种工具，归根结底都是在逐步调整路径，为了达到目标。从这个角度来说，我们都是同道中人。

森光：还有一点很重要的是温度。虽然我不是指热力学

1　"美美"的菜单里有"A 淡味""B 中味""C 浓味""D 吟味""E 趣味"五种拼配咖啡。可参见次页的菜单照片。（原注）

ブレンド珈琲 Blend Coffee

※A〜Dはレギュラー・カップ（120cc/cup）　※全て税込み価格です

ⓐ 淡味（たん み）　¥525/cup
（豆・粉100㌘¥700）

Aromatic Blend
（アラビカ種配合）

●軽やかに口内に香りがひろがります。（アメリカンは当店にはありませんこのコーヒーをお試しください）

Ⓑ 中味（ちゅう み）　¥525/cup
（豆・粉100㌘¥700）

Basic Blend
（ハラーB・モカ配合）

●コーヒー！ブレンド！と御注文くとこの珈琲をお出しします。
四季に合った香り、甘み、酸味、コク、苦み、そして舌触りの良さとよくいくたる余韻…当店を代表する珈琲です。

※AからDになるにしたがってだんだん濃くなっていきます。

Ⓒ 濃味（のう み）　¥630/cup
（豆・粉100㌘¥750）

Classic Blend
（インドマランデュール・モカ配合）

●マニア好みのブレンドです。コクから苦味への諧調が絶妙です。

Ⓓ 吟味（ぎん み）　¥700/cup
（豆・粉100㌘¥850）

Delicious Blend
（ハラーモカ・キリ配合）

●香り冴えて澄み、凛とした余韻
イエメンの爽やかな風を思わせます。

※A・Bブレンドのチケット7枚とどれでも飲めるスペシャル3枚、計10枚綴りの回数券が￥5250もあります。
※ご自宅用のホーム・コーヒーも100㌘単位で小売致しております。また、地方発送もうけたまわります。詳しくは店員にお伺いください。

濃いデミタス(demi-tasse)珈琲

モカの香味ここに極まる　Ibrahim Mokha-Bani-ismail from YEMEN

Ⓢ イブラヒム・モカ　¥850/60cccup
（豆・粉100㌘¥1050）

イエメン西部山岳地帯・バニ・イスマイル地方で収穫され、秀でたそのスパイシーな甘い香りは標高2000mを超える山頂付近の急峻する厳しい環境の中、ゆっくりと育まれます。

Ⓔ 趣味（しゅ み）　（Extra Blend）　¥650/50cc cup
（アラビカ種配合）　（豆・粉100㌘¥750）

深入り（フレンチロースト）ブレンドのエキスを丁寧にネルドリップで抽出します。

ギシル珈琲（水だし、香辛料入り）
¥525/cup

●コーヒー文化のルーツ国、イエメン共和国アラビアで日常飲されている、香辛料入りギシル（殻＝果肉部分）コーヒーを美美風にアレンジしました。

バリエーション珈琲

すべてE（趣味ブレンド）を使用

各 ¥650　※税込み価格です

●温かいカフェ・オレ　Cafe Au Lait

●冷たいカフェ・オレ Iced CafeAuLait

●氷入りアイス・コーヒー Iced Coffee

●冷たい美美風マザグラン Cold Coffee

※カフェ・オレやアイスコーヒーの甘みはご自身でお好みに加減してお飲みください、但しマザグラン（冷やし珈琲）は初めからお砂糖が入っています。

●フルーツケーキ ¥380

7種類のお酒に漬け込んだ7種類のドライフルーツをじっくり焼き上たお菓子！
焼きたての時にお酒（ラム酒、ブランデー）をしませてあるます。お酒・砂糖分・月形成させてるくも御味しくいただけます。本持ち帰り1本3,000円

的第二法则[1]，但在今天，热量确实被我们称为"真理"。它的生成是一次性的，好比覆水难收。温度这个东西真是不可思议，如何掌控并运用温度这个变量，对咖啡烘焙有非常重要的意义。

大坊：电动烘豆机是带有温度计的，而手摇式烘豆器并没有。

森光：因此需要凭直觉。

大坊：我的方法是，通过品测来感觉味道的哪个部分需要去除，哪个部分需要加强。第二天烘同样的豆子时，根据前一天的判断去探索如何才能将其实现。比如提前调小火力，低火状态的时间拉长一些。因为手摇式烘豆器只能用燃气开关调整火力大小，比如最初开 100% 的火力，过 12—15 分钟的时候调整到 50%，或者过 10 分钟左右就将火力调到 50%，让低火烘焙的时间更长一些。我一直在反复地进行尝试。我不会把改变的结果记录下来，都是靠经验……也会记笔记，不过只会记下品测时的感受。"做了这个，结果是……"这样的记录我是不写的。

森光：我坚持写了十年的笔记，但最近什么都没写。因为自己的感受会不停地变化，就算当时记下来也没有用。比

1　根据热力学的主要奠基人——德国物理学家鲁道夫·克劳修斯的理论，热力学第二法则可表述为：热量可以自发地从温度高的物体传递到较冷的物体，但不可能自发地从温度低的物体传递到温度高的物体。

起做笔记，根据自己的实际感受去判断更为重要。

　　大坊：对。这是我仅有的方法。不依据任何数据，凭感觉走到现在。虽然别人经常佩服我一直用手摇烘豆器，但除此之外我没有用过其他的。用机器或者别的方法会怎么样，我不懂。所以我只能在手摇烘焙上下功夫，仅此而已罢了。

　　森光：这是非常可贵的。

　　大坊：不过，如果更忙一点的话，就必须用机器了。我曾经思考过如果要用的话应该把它放在哪里。"手摇是最好的，非手摇不可"，我并没有诸如此类的执念。只不过恰好能够应付得过来，我才一直摇到现在。

　　森光：嗯，这种精神很重要。您用的手摇烘焙的方法不能在烘豆器上将温度预设好，只能靠自己的直觉来把握和调整。您如此坚持了几十年，仅凭这一点就很了不起了。

　　大坊：我用的手摇烘豆器在烘焙过程中会将产生的烟雾聚拢在一起，周围的朋友问过我很多次这样烘出来的豆子会不会有烟熏味。

　　森光：MOKA咖啡店的店长会在烘豆最初的"除尘"工序时打开风门（烘豆机上排气、调整空气量的部位），之后一直保持关闭。最后再一口气下豆。全程通过风门来控制。如果是用手网，烘焙的过程中自然就进行了排气，因此对豆子来说不会有什么负担。然而如果是机械式烘豆机那样利用电动机来控制的话，整个过程中总会有不自然的地方。

　　大坊：嗯，也就是说模拟手网烘焙的感觉来操作烘豆机，用风门是为了……

　　森光：为了调整火力。打开风门，增加空气进入的量，机内的温度升高，火力由之增强。原理和"风箱"（往锅炉里送气流的鼓风工具）一样。不过是用机器来完成。

大坊：原来如此。我是直到最近才开始和别人讨论烘焙这件事。对此知之甚少，实在抱歉。

森光：不不不。只是就像刚才所说的，大坊先生您用不带孔的手摇烘豆器，要烘出没有焦味的豆子，是相当不容易的事啊。

大坊：是吗？

森光：可能只有您自己没有意识到这点吧。哈哈哈。在我最开始工作的MOKA咖啡店，店里使用的是襟立先生取得专利发明的一种"红外线式烘豆机"：烘豆机的前端和后端都有点火装置，前端是有开孔的直火构造，后端是无孔的半热风构造。在关店前的一段时期，店里的豆子都是用它烘的。[1]

我在学徒时期一直看着这样的工作方式，所知道的仅有这些。当然，那个时候我自己也会烘豆。我把用锅炒、用手网烘出来的豆子给店长看。他看一眼就否决掉，告诉我"你的豆子膨胀得不够"。如此反反复复……

我从一开始就把掌握这些烘豆机作为自己的目标。

当时的我认为，如果不是自家烘焙的咖啡就没有特色。虽说这听起来有些不自量力，我曾对MOKA咖啡店的前辈

1　改良MOKA的烘豆机，形成的"半直火半热风"式烘焙，后来成为"美美"的风格。（原注）

们立下宣言："我以后会超越这里。"前辈们听罢说："根本无法超越吧。"并没有将我的话当一回事。但我依然把超越MOKA当作自己的理想，一直坚持到现在。

大坊：MOKA 是我经常去的地方。

森光：您第一次去是什么时候?

大坊：好像是 1970 年前后。当时我听说店里来了新人，应该就是森光先生您吧。我当时还心想："啊，有新人来了。"您是 1972 年开始在店里工作的吗?

森光：是的。不过请别相信从我口中说出的数字，哈哈哈哈。[1]

大坊：那段时间我真的经常去店里。

森光：是呢，您总是和夫人一起来，我记得很清楚。

大坊：但其实去得最频繁的那段时间只有我一个人。有一段时间我没有工作，只有妻子在上班。那时我每天都会经过井之头公园去 MOKA 喝咖啡，然后去吉祥寺买菜回家做饭，等着"工作的人"回来。

森光：这我是头一回听说。那时候您怎么没有工作呢?

大坊：我大概是在 1975 年 7 月开店的。在那之前差不多有一年的时间，我因为刚辞职不久没有收入，正想着再找一份工作。但最后还是决定就算没有钱，也要凭着一己之力

1　森光先生在 MOKA 咖啡店工作了五年，离开MOKA 半年后的 1977 年 12 月 8 日开了自己的店铺。（原注）

做点什么。

森光：我之前听说您曾经在银行工作？

大坊：嗯，工作了大概四年。

森光：银行的待遇不错吧？

大坊：那个时候的工资并不高。

森光：您的夫人也是在银行工作吗？

大坊：她不是。当时她觉得我"不知道为什么要开咖啡店"。在那个年代这样的行为很难被理解。

森光：当时的社会并不认可咖啡店的存在，人们觉得这是酒水生意。[1] 从某个时期开始，"开咖啡店"成为人们告别上班族生活后自立门户的一种生活方式。只有在现在，人们说起咖啡店才会如此联想，在过去，这样的观念是不存在的。

大坊：我去拜访了妻子的父母后，很快就把银行的工作辞了。那之后的一年多时间里，妻子一直没有将我辞职的事告诉她的父母。

森光：哈哈哈哈哈。那之后呢？

大坊：之后我去了长畑骏一郎先生开的"大路咖啡店"工作。当时和我一起工作的长畑先生告诉我他要开一家咖啡店，我请求他让我参与。因此从长畑先生的店开业的时候起，我就在店里帮忙。这是我的修行。

1　原文是"水商壳"，指依靠客人的捧场来决定收入的生意，多指饭馆、酒吧、夜总会等。

森光：啊！我想起来了，那家店我去过一次。在如今您的店附近对吧？

大坊：不过我只在那里工作了一年时间（因此在店里没有见过森光先生）。"大路咖啡店"的豆子最初是用手摇，后来变为机器烘焙，不过一直都是自家烘的。那个时候我入手了一个容量500g的样品手摇烘豆器，开始自己在公寓里烘豆子。现在我的店里使用的是容量1kg的手摇烘豆器。我在翻看开店笔记的时候，发现1992年的地方写着：福冈的"美美咖啡"，店长是过去在吉祥寺MOKA的咖啡师。我想我是在那个时候第一次知道"美美"的。不过之后没过多久，在1994年的时候，店里的客人给我带了"美美"的咖啡豆。1997年我收到了您的邀请，一起去摩卡依诗玛莉的产地。那是您第一次去产地拜访吗？

森光：不是，第一次去是在1987年。

大坊：从那么早就开始了啊。最初我的笔记本上写的店名是"耳朵咖啡[1]"。

森光：哈哈哈，耳朵很痛的那个"耳朵"吗。

大坊：但那时候我不知道店长就是之前听说去MOKA咖啡店工作的新人。直到我开始去福冈喝咖啡才意识到。森光先生您是准备周全后才开的店吗？

---

1 "咖啡美美"（コーヒーびみ）的"美美"（びみ）也可读为"みみ"，与"耳朵"的日语发音相同。大坊先生当时误以为是"耳朵"一词。

森光：完全不是。只不过确保了咖啡豆的供应和烘豆机的预算。在开店前，因为在MOKA的工作关系我认识了WATARU公司（咖啡生豆的进口商）的销售员，那个人后来成了大阪分部的店长。对方告诉我们说，"合作的条件是你们要做一家赚钱的咖啡店"。我们没能信守诺言。

大坊：您谦虚了。店开了一段时间后，渐渐就能赚钱了。

森光：在您和OOYA先生的对谈中，您说过曾经有不做咖啡师的想法。

大坊：啊，那完全是因为当时每天长时间的手摇烘豆太痛苦了。每天做两三个小时的话不知不觉时间就过去了。如果变成每天四五个小时，难免会感到厌倦。我当时是这个意思。对咖啡师这个职业，我从来没有感到过厌烦。

森光：原来如此。我用手网或者锅可以烘出自己满意的豆子，可是最开始用机器的时候，做出来的味道怎么都不行。我不知道烘豆机应该如何使用，也不知道在烘焙过程中机器内部究竟在发生什么。

就拿风门来说，最开始我甚至不知道风门的作用是什么，它和热量调整之间有怎样的关系。做不出来明天要卖的咖啡，这样的情况也有过。那个时候我对这一切都感到厌烦。做什么都是失败。因为是操作机器，所以会经历无数次失败。

大坊：不得不向客人端上一杯自己并不满意的咖啡，没有什么比这种时候更痛苦了。

森光：对，这种时候我就不想干了。

大坊：我们不能在客人面前找借口。

森光：每当这种时候，我都很幸运地能够遇见包容我的客人和熟人。总是会有人在关键时刻出手相助，我自己也觉得很不可思议。一定是客人们心中对我怀有这样的预感：这家伙一定会在未来的某个时刻为我做出一杯美味的咖啡。

这样神奇的经历其实从我立志成为咖啡师而进入MOKA 工作的时候就有了。我认为是有位"咖啡之神"在派人来帮我。多亏咖啡之神一路上出手相助，我才能走到今天。

大坊：那是因为森光先生您所思必有所得。假如说客人A 走进来，您觉得得救了。但如果进来的人换成客人 B，您也会有同样的想法。有很多人有类似的想法：在陷入困境的时候遇见某个人，便会觉得那个人是来解救自己的。我想这是您认真的性格使然，因为您无法用敷衍的态度来面对做咖啡这件事。我尊重您的说法，尊重您认为是咖啡之神派人来帮助您的想法。我觉得这很纯粹。

森光：哈哈哈哈。

虽说做咖啡是一生的事业，但这期间注定要经历"望眼欲穿，门可罗雀"的时期。那真是太痛苦了。做不出自己满意的咖啡和没有客人，只有经历过这两个时期之后才能真正感受到这个职业的快乐所在。对此大坊先生您怎么看呢？

大坊：我和妻子曾经探讨过何为我们的原点这个话题。我们找到的一个答案是：用两轮拖车载着手摇烘豆器去集体住宅区[1]卖咖啡。我们到哪里，就在哪里烘豆子。有人闻着咖啡豆的香味而来，买一杯咖啡。哪怕只有几个人，这便足够了。这就是我们的初心。一想到如此，便觉得没有什么是不可承受的。

森光：我成为咖啡师的出发点是因为我母亲的小姨，也就是我的姨婆，她移民去了夏威夷。那个年代，有很多人从福冈县、熊本县还有山口县远渡重洋前往夏威夷，从事咖啡种植业。当时我姨婆作为"照片新娘"[2]，凭借着一张照片嫁到了大海对岸。

我的姨婆在瓦胡岛[3]上的楢原农场工作。虽然很苦，但她的事业在那里取得了成功。每到圣诞节，她都会给我们寄巧克力和咖啡等礼物。因此我从记事起就已经在喝咖啡了。我刚二十出头的时候，去看了姨婆在夏威夷的咖啡种植园。在那里我意识到：原来这些移民培育出的一粒粒小小的红色果实，就是我小时候喝到嘴里的咖啡。我的那位姨婆会在太阳落山的时候朝着日本所在的方向虔诚地祈祷。我看着她祷

1　原文为"团地"，指日本住宅公团大量兴建的高密度廉价住宅，这种住房多为两室，空间较小，仅够一家三口人居住。

2　原文为"ピクチャーブライド"，指20世纪初期仅凭借交换一张个人照就决定嫁给夏威夷日裔的女性。

3　夏威夷群岛中面积第三大的岛屿，也是群岛中人口最多的岛屿。夏威夷州首府所在地檀香山（又称为火奴鲁鲁）坐落在岛屿东南端。

告的背影，心里很受触动。在那之前，我一直投身的学生运动遭受了很大的挫败。在我看不到希望的时候，姨婆的出现让我重新振作起来。

于是我下决心要成为一名咖啡师。在夏威夷，喝咖啡是人们的日常习惯。体验过夏威夷当地的生活后，我认识了东京吉祥寺MOKA咖啡店的店长，被称为咖啡传奇的标交纪先生。当时很多名人都是店里的客人，比如版画家奥山仪八郎[1]先生，咖啡研究家井上诚先生和襟立先生。那里是我内心的原点。直到去夏威夷之前，我都觉得自己是一个很阴郁的人。

我家是在久留米（福冈县）开服装店的。我的父亲弹得一手好吉他，所以我从小开始接触音乐。然而他是一位成长于"二战"时期的战中派，把金钱看得比什么都重要。后来我跟父亲说想去东京学设计，他并不理解我。我高中的时候在美术部有过很快乐的回忆。虽然那个时候经常和伙伴们嘻嘻哈哈，可是心里却很迷茫。我一直不知道该用什么将自己的想法具象地表现出来，直到我遇见了咖啡。在年轻的时候，我们总会拼命地去寻找自我表达的方式。

稻垣足穗[2]是我很喜欢的一位作家。我上设计专业的学

1　奥山仪八郎（1907—1981），版画家，出生于日本山形县，广告版画的先驱。

2　稻垣足穗（1900—1977），日本小说家，作品多以天体、天文学和机械原理为主题，代表作《一千一秒物语》。

校时，从一位朋友那里听说了他。这位朋友很奇怪，他留着长长的头发，还曾把常人都望而却步的佛经读了三遍。稻垣足穗的小说世界是我在别的作家那里不曾见过的，很快我就对他非常着迷。因为稻垣先生的年纪比我大很多，他看待事物的方式可谓带着一种俯瞰人类的视角，非常独特。

大坊：我的父亲是做西装成衣定制的。父亲生性寡言，一个人包揽了从接受订单、到布料选择、再到缝制的工作。我母亲做和服的裁缝工作来补贴家用。在我三岁的时候，我们全家经历了关东大地震。我后来听说，在关东大地震后，父母把我寄养在岩手县的亲戚家里。我在家中排行老二，还有一个哥哥和一个妹妹。

森光：您小时候是怎样的孩子呢？

大坊：不记得了。真想这么回答啊……小时候我学习成绩还不错。初中二年级时当了全年级的级长，到三年级成了学生会副会长。不过上中学时我总是在课上捣乱，甚至被全班女生联名警告，说我太缺乏作为级长的自觉。我和优生组、差生组都有交情。我在和成绩好的同学交往的同时，非常想知道班上不认真学习的同学在做些什么。我父母不会要求我做这做那，我从小就知道要走自己的路。

森光：您的店名也叫"大坊"，这个姓在岩手县很常见吗？

大坊：不多也不少吧。

森光：您有问过姓氏的由来吗？

大坊：很多地方都有"大坊"这个地名。我记得有谁说

过，这个名字的由来可能是"宿坊"[1]这个词。

森光：原来如此。

大坊：宿坊又分为大坊、中坊、小坊。大坊指的是大房间，专门提供给身份地位低的僧人住宿。有人说可能是这个意思。很多地方也都有地名叫"大坊"。在白州（山梨县）建有三得利工厂的蒸馏所，紧邻着它就有一个地方叫"大坊"。在长野县，还有石川县生产珠洲烧的地方[2]都能找到"大坊"这个地名，不过都是小地方的名字。很抱歉，和咖啡没有任何关联。

森光：店招牌上的文字有怎样的故事呢？

大坊：负责设计店里装潢的人本行就是设计师。当时我和他都在想店名的标志。我们从他做的几种方案中挑选了一个，然后稍微做了些调整，就成了现在的样子。

说起来有一件很久以前发生的事。招牌上的"珈琲"二字，字体很独特对吧。这个字体其实是招牌设计商们使用的字体样品。这是有一次我到镰仓站的时候发现的。我刚下电车，就看到了和自己店里同样的字。我认识的人开的咖啡店也用了同样的设计，于是我问了对方，对方告诉我，招牌设计商就有这个字体。

森光：咦？

1　日本佛教用语，指佛教寺院或神社为僧侣和参拜者提供的住宿设施。

2　指石川县的珠洲市。

大坊：这种情况啊，也不好主张字体专有权。

森光：话虽如此……

大坊：刚开店没多久的时候，客人非常少。那段时间真的很痛苦。

森光：我还曾经寻求过父母的帮助。那个时候经常一到月末就没什么钱。神奇的是偏巧在这种时候，要么店里的生意突然变得特别好，要么就是忽然出现了购买咖啡券的客人。店就靠着他们撑过了困难的时期。

不过，只要客人是为了喝咖啡而走进店里的，就算只有一位，那一整天都会让我觉得做咖啡师真好。无论是当初还是现在，我都是这样想的。

大坊：以前有人跟我提议说，除了卖咖啡之外，店里也可以提供午餐。我考虑过要不要卖一些特制的面包。可是经过一段时间的斟酌之后，就否定了这个想法。

的确，营业额不是很乐观，可是我真实地感受到了这份工作带来的满足。我大概是靠着这种感觉撑过来的吧。它的回应可能很微小，但却是真实的。这非常重要，尽管它不能填补第二天店里的开销。这份满足感成为我们的支柱，靠着它我们坚守着自我，一路走来。就像您刚才所说的那样，也许只有一位客人为咖啡而来，也许是我们自以为是地感到拥有这样的一位客人，就如同拥有了数十位客人。可就算如此，我也感到十分快乐。

通过我的眼睛，我能够非常具体地体会到做咖啡师的满足。刚开店时，我还是个年轻小伙子，一些年长的客人来我的店里，会用自己的话给我鼓励。有的客人会说："我想喝的就是这样的咖啡。"

森光：那个时候还有这样的经历：虽然还没亲眼看见，但却知道来的是哪位客人。我想这是一种直觉吧。哈哈哈。

大坊：我是这种情况：某位客人最近没有来店里，心里想着这位客人的时候，对方就会出现。

森光：在经济窘迫的时期，不管什么样的客人来都没问题，唯独黑社会成员比较棘手。有一段时间他们经常来，还会恫吓我说：咖啡冲淡点儿！加点儿水不就行了吗！但是我坚决不听，跟他们大吵了一架。不过在那之后他们依然来店里喝咖啡。

大坊：还有这样的事啊。这样的人还会继续来，一定有什么缘由吧。我店里以前的咖啡比现在苦味更重，曾经也有一位开出租车的顾客让我在咖啡里兑点儿水。

开业的那天非常忙碌。那是 7 月 1 日，天气很热，我连食物都无法下咽。去了旁边的荞麦面店吃饭，可是完全没有食欲。

我也没有办什么邀请活动。只是把店的名片挨家挨户地放进周围 1 公里范围内的邮箱。我的店因为在大路边上，装修的时候可能就引起了路人的注意。记得在筹备开店时，我一直提醒自己：这家咖啡店要让周围的人愿意进来喝咖啡，不要去想距离远的人会不会专程前来。

现在回想起来，真不知当初为何有那样的想法……有人愿意从远方专程而来是一件令人高兴的事情，也是值得感激的。这当然很重要，不过我考虑的重心在周边的人们。店最初的客人也都是附近的人。

森光：但是开店三天之后，客人的数量一下子减少了。第一天很多熟人会来，所以还算是忙碌。可是过了三天，客人开始回落，一周过后，人就不来了。

暂且不论这些，当初我首先在烘焙上就遭遇了挫折。一开始烘的豆子都扔掉了。当时是美式咖啡的全盛时期。

在东京，喜欢喝深烘豆子的人本来就很少，主要是MOKA咖啡店那一圈的人……福冈的话，可能更没有了。

大坊：在我们开店的那个年代，深烘咖啡不像现在这样有"市民权"。

森光：也不尽然。您听说过白井晟一这位建筑家吧。白井先生以前总是悄悄来我的店里喝咖啡，可是突然有一天不再光临了。后来我听他儿子说起，才知道原来是白井先生觉得店里的咖啡没有之前苦了。虽然我作为咖啡师，并不是要一味地追求过去咖啡的那种苦味。但的确有人是在寻找那种味道的。

大坊：是的。现在我喝着感觉苦味重的咖啡比当初开店的时候多了许多。有的喝起来感觉烘焙过度，风味的饱满度不够。也有人喜欢喝这样的咖啡。

森光：没错。曾经有一段时期，我也有过类似的感触：喝到那种苦得骟人的咖啡的时候，真的不能理解为什么能做成这种味道。其实，我们每个人的味觉、精神状态、身处的情况都不同，每个人所追求的味道自然各有千秋。

大坊：有一百个人做咖啡，就会有一百种特点；有一百个人喝咖啡，就会有一百种偏好。最近我对此深有感触。

森光：很早以前我的店还在今泉（福冈市）的时候，整

体感觉像一个地窖，格局和"大坊咖啡店"很像。MOKA
的店长在 2007 年 12 月去世了，店里的东西找不到人接手，
最后我把它们都收了回来。这样一来，我的店里就变得太挤
了，放不下所有的东西。后来，房东去世了，于是我们考虑
扩张店的面积，把旁边的和果子店铺也加进来。当我们正在
筹备着请人绘制设计图纸的时候，突然得知这里（现在的店
址）空了出来。[1]

我在五八年前就留意过这个地方。之前我说我相信咖啡
之神的存在。当时我感觉就是它指引着我搬到这里。正好也
能安置所有的器具，于是就有了这样的一家店。

店是会随着场所和环境而改变的。在这样被绿荫环绕的
惬意之地，新的店不能再做成像之前地窖似的空间，应该是
更明亮、更开放的场所。当然，烘焙相比之前也有所变化。
我在之前的店里烘豆子的时候，烘豆机上控制排烟的风门近
乎处于关闭的状态。到了这边之后，换成了 5kg 的烘豆机，
豆子的风味虽然还是以苦味为基调，但我想做味道更明亮的
咖啡。

大坊先生您现在面临着不得不关店的情况。我心里盼望
着您明年能够早早开一家新店。怎么样？之前您被问到这个
问题的时候，只回答了一句"未定"。

1　2009 年 5 月 1 日，"咖啡美美"从今泉搬到了
福冈市内的赤坂区。这是它 1977 年开业以来，仅
有的一次搬迁。（原注）

大坊：……老实说，真的是"未定"。是找一个和现在差不多的地方，开一家同样形式的店呢；还是搬去一个隐蔽一点的地方，缩小店的规模呢……我还在思考中。

森光：缩小规模？现在不就很小吗！

大坊：从现在开始到 2013 年 12 月店门关闭的那一刻，我想这期间会很不容易吧。店关闭之后，自己会是怎样的心情呢？现在的我只能静待彼时到来。刚才森光先生您说，自己之前的店想要做一番改变时，现在的这个地方突然空了出来。我听了您的讲述之后感触很深。开在今泉的"咖啡美美"与市井的嘈杂混沌相伴，这就是所谓的"置身于城市"吧。这也是我做出的选择。相较之下，另一种选择是把店开在偏僻的地方……也有这样的开店思路，让人好奇为什么要把店开在如此不便的地方。在我看来，这种做法是有意远离混沌。也许我的表述有点夸张，我的想法是要在混沌之中开一家咖啡店。

我认为现代本身就是混沌的。我既然要开一家店，那就意味着把自己完完全全地暴露在混沌之中。我一直在思考，有多少自己是可以被外界接受的呢？

我不想让自己的店只针对咖啡达人而开，也不想让它与街道的气质同化。我希望就算不是很喜欢咖啡的人也会来我的店里喝上一杯，在这个过程中会有客人带着不一样的感觉来品尝我的咖啡。我对此能够接受多少？也许两种选择没什么不同，但我一直在思索这些。

森光：在这点上，我和您的想法是一样的。我想要避开熟人很多的环境，所以没有选择把店开在久留米的老家，而是开在福冈。在熟人多的地方，大家来店里不是为了喝咖啡，而是为了聊天。缘分让我找到了现在的这个地方。大坊先生您今后有很多选择。去乡间开一家店，或者继续留在都市混沌的街道中。

大坊：现在的我只能说一切未定。

森光：您看过《海上钢琴师》这部意大利电影吗？

大坊：没有。

森光：电影中的故事发生在一艘往返于欧洲和美国之间的豪华游轮上。船上的乘客有富豪，有移民。船上诞生了一个婴儿，好像是移民遗弃的孩子。婴儿有一个很长的名字，叫"丹尼·博德曼·T.D.（Thanks Danny）雷蒙·1900"。1900被船上的一位黑人收养，这个孩子后来长大成了一名天才钢琴家。不论什么曲子他都能即兴演奏，就像巴赫那样。音乐世界里的"实力"，就是这样的吧。

1900到死都没有踏出过船外一步。这个故事很有意思。当初养父为了避免节外生枝也没有给他上户口。电影里，爵士乐大师曾对1900发起琴技挑战；1900为了追随爱慕的女孩一度想要踏上美国的土地，可当他看到岸上林立的楼房，忽然明白了自己无法生活在那个世界，转而停住了下船的脚步。1900在船里生活了几十年，最后那艘船因为老化而无法正常运行，管理人决定用炸药把船炸毁。可是1900依然坚持要和这艘船共存亡。在船即将被爆破之际，1900的小号手朋友进入船舱里拼命找他，可最后1900还是和他的船一起消失了。

这是一部非常不错的电影。尤其它的故事结构完全按照古典音乐的和弦规律来安排，这一点非常耐人寻味。钢琴家的一生由"哆"开始，由"哆"结束。不知为何，电影里的主人公让我想到了您。我一直认为您在咖啡方面有种与生俱来的才华，好像您是注定要做咖啡的。希望您能清楚地认识自己，我抱着如此的愿景。

大坊：一生由"哆"开始，由"哆"结束，这句话是什么意思呢？

森光：古典音乐是一个科学理论化的世界。比如说 C 大调，纯律中的"哆咪嗦"和弦是最容易接受的。我们在学校里学过"哆咪嗦（do-mi-sol）""嗦西来（sol-ti-re）""发啦哆（fa-la-do）"这三个和弦，"哆来咪发嗦啦西哆"都包含在这三个和弦里。纯律的好处在于没有泛音的振动，所以听起来轻快。但缺点在于转调和移调会比较难。可是如果我们用十二平均律来演奏，或者在编排中加入华彩乐段（主音、属音、下属音）创造出起承转合，这样就形成了音乐的引力模式：从"主音"出发，以回到"主音"为结束。中间会经历属音和下属音的波澜，但最终会回到最为安定的主音，以此为终点。这一过程并不是刻意安排的，而是自然定律使然。我所说的"1900 的一生由'哆'开始，由'哆'结束"就是这个意思。

"引力"这个词语，也可以说是一个人的命运或者是使命，我是相信这样的存在的。不管我们在人生道路上绕了多远，天命自有安排。大坊先生您命中有做咖啡的使命和才华，更值得致其始终。

大坊：既然您这么说……谢谢……

前段时间我在九州的咖啡活动上见到了埃塞俄比亚的咖啡豆商。对方在描述风味的时候，我第一次听到了"泛音"这个词语。不过那个时候，我不知道什么是泛音。对方还说了"和声"，我似乎能理解一点点话中的含义。后来我开始学习泛音的知识，不过很难。

森光：没关系，晦涩的地方交给专家就行了。所以说，不管是咖啡，还是美的事物，重要的是余韵。以余韵丰富与否作为我们判断事物好坏的标准，我认为这是很恰当的。余韵之于音乐，就是泛音；之于绘画，就是调和；之于味觉，那就是杯尽后无尽的余味。

大坊：要说余韵从何而来。一部分肯定是风味自身所具备的，但有很多时候取决于喝的人的感觉。一个人饮用咖啡的味觉经验会影响他从现在这杯咖啡中获得的感受。我们对绘画或者音乐的感受，一定是建立在自身经验的基础上的。特别是绘画，甚至有时候我们只能凭着自己的经验来看一幅画。

森光：唔，也不一定如此。拿音乐来说，音乐都是在1小节或者2小节的动机之上展开的。从前，我对音乐家为什么能够写出如此庞大的乐谱感到非常不可思议。其实归根结底是动机的延展，要看创作者能否抓得住这个动机。不过这是需要探索才能发现的。如果一个人不去想象，就看不见那个世界。

我呢，则把音乐上的这种想象用在咖啡豆的拼配上：把单品烘焙的豆子按照和弦的组合方式来混合。实现这种组合方式的拼配豆子，它的风味必定会产生无穷的余韵。我心中怀着这样的信念，在实践中不断朝着它靠近。

迄今为止，我有过三次深受感动的咖啡之缘。每次都是带着想要邂逅美味咖啡的期待心情走进店里才遇见的。虽然这三次的相遇，每一杯咖啡的形式、风味都完全不同，但是一直留在我的记忆之中。要说留在记忆里的具体是什么，我想是咖啡的和声和泛音。

音乐的世界里有节奏、旋律与和声。动物能感觉到节奏和旋律的世界，但和声是只有人类才能够感知的无穷世界，因为我们身上具备某种特质。

大坊：对我来说也是这样。在开咖啡店的一路上我立下决心，要仔细用心地观看在店里遇见的有趣的人和事物。不论是美术、音乐、小说、陶瓷还是其他，在自我好恶之前首先要用心观察。通过"观看"，也许能够有所收获。我不是说要让自己的店直接体现这样的想法，一家咖啡店的店长如果是这样想的，就算他不特地做什么，店里也会自然而然散发出这样的气质。

森光：在我的一生中，有过很多次的感动，哪怕仅仅是一碗米饭。对，比起电饭煲煮的饭，我觉得小时候自己第一次烧柴煮的米饭更好吃。虽然现在我都是吃电饭煲煮的饭，可是在我心里，米饭的美味是属于柴火饭的。咖啡也是如此，迄今为止感动过我的咖啡都是用法兰绒手冲的。

大坊：很早以前，我收到过一封信，是福井县一所中学的三位学生寄来的。那所中学让选择去东京毕业旅行的学生们写下自己想要做的事，其中三位学生写的是想去"大坊咖啡店"。我给他们写了回信，表示当然欢迎。他们来店里的时候，我心想也许咖啡淡一点比较好，给他们冲得比较淡。可我转念一想，最后又给三人端上了浓厚的第4号法兰绒咖啡。学生们离开前，我问他们喜欢哪一款。他们说喜欢浓的。对他们来说，这也许是他们生命中第一次真正意义上的咖啡味觉体验。他们都选择了苦的法兰绒咖啡，令我感到非常欣慰。

森光：一定是因为他们从您的咖啡中感受到了味觉之外的一些东西。

我们的感官能从很多领域获得美的享受，我们的耳朵能够听见音乐，我们的眼睛可以欣赏绘画，我想味觉里也有一个美的世界。只是我们还没有把味觉的世界科学地系统化。《艺术新潮》杂志曾经找到我，想要做一期特辑，以"美"为切入点来讨论咖啡风味。我告诉他们，现在为时尚早。我们要真正理解咖啡风味的世界，不能只靠感觉。只有同时具备了一定程度上的理论知识和味觉感受，才能真正理解咖啡的风味。

刚才我提到运用和弦组合的理念去探寻咖啡豆的拼配，如果放在颜色论的维度，那就是越是对比鲜明的色彩，也就是说越是性格不同的豆子搭配在一起，越会实现更好的风味平衡。画家平野辽[1]曾经说过"光生于黑暗"，歌德[2]也说过，黑暗中也有色彩。

对了，您知道这个工具吗？

大坊：不知道，这是什么？

森光：这个叫三棱镜。把它对准这条黑线慢慢移开的话，就会出现蓝色、紫色、红色、橙色、黄色等颜色。再拿得远一些，到某一点的时候就只剩下蓝色、红色、黄色。这就是歌德提出的色彩三原色。您看见了吗？

大坊：啊，看见了看见了！

森光：能看见蓝色、红色、黄色对吧。歌德首次提出蓝、红、黄三原色是从这条黑线（黑暗）分离出来的这一原理。每个人都有着自己独特的色感。当我们看到 1810 年歌德发明的"色环"时是否感觉到美，这取决于每个人的感受。我个人觉得很美。

色环也能理解成音乐的音阶。今天早上的《朝日新闻》

1　平野辽（1927—1992），自学绘画，创作风格独立于其他画派，以九州的小仓为据点进行个人创作，举办展览。创作受到瑞士雕塑家阿尔伯托·贾科梅蒂（Alberto Giacometti）的影响，贯以褐色、灰白色为基调来表现人物形象。（原注）

2　歌德（1749—1832），德国诗人、戏剧家、小说家、自然学者，同时也是政治家、法律家。著有《颜色论》（*Zur Farbenlehre*，1810）。（原注）

报纸上刊登了画家透纳[1]的专题介绍，他也是受到歌德颜色论影响的人之一。

大坊：有的人在看到平野辽的画作时，会问："这是不是透纳画的？"的确，画画的人对绘画理论了如指掌，音乐爱好者对音乐理论想必也是烂熟于心。但是我说喜欢平野辽，或是说喜欢别人的作品时，是因为迄今为止的经历让我从内心深处涌现出这种感觉。话说回来，我从来没有想过要用绘画理论来分析一幅画。

森光：感觉的确非常重要。不过我们也要考虑从想象到现实的问题。我们的眼睛、耳朵、鼻子、嘴所感受到的东西，都需要通过某种方式来具现化。

大坊：怎么说呢。比如说有一幅画，我凭着感觉认为它很好。某种意义上，这是一种直观的个人感受。之后，我会把自己喜欢它的地方转换成语言。

这也算是具现化的一种方式吧。也许是因为我相信当我再向别人讲述的时候，能够通过语言来传达这个东西的好。我一直这么认为。我一直相信，语言可以通过词语的组合搭配来传达内心复杂的感受，而不一定只表达单一、确定的意思。虽然做到这一点很难。

森光：有的诗人做到了。

大坊：因为诗人能够通过诗的语言带给我们丰富的想

1　透纳（J. M. W. Turner，1775—1851），英国的浪漫主义画家。（原注）

象。但这一点能否用科学的方法验证呢？恐怕行不通。

森光：不，我刚才的意思是说存在这样的一个世界。有一半能够进行科学理论化。但是理论化所需的想象力、发展出主旋律所需的动机，则与个人的特质有关。先有想象，其后再进行理论化，这样才能真正谱写出壮丽的乐章。我们做咖啡也是，要有想象，也要有理论才能做好。

大坊：没错。我也是一开始先在头脑中想象，然后在经验中不断向它靠近……

森光：嗯嗯。

大坊：我的工作在一定程度上也会立足于理论。我用数字"7"泛指衡量咖啡豆烘焙度的基准点，用集合烘焙度为"7"的咖啡豆的方法来做自己的拼配。

您说得没错。我们先是有一个大致的想象，然后在经验中不断将其拓展，我一直在思考如何用语言来描述这个过程。

森光：所以说亲身经历是多么重要的一件事。从个人的视角看待亲历的事物，会形成自己的经验，也会发展为自己的理论，这也是思维具现化的过程。我们应该不惜付出辛劳去积累经验，而不是只埋头阅读文献。

我不是看不起精品咖啡[1]，而是觉得一味相信被决定好了

1　在拍卖会上拍卖并且产量只占世界总产量5%左右的咖啡豆，从咖啡豆到咖啡杯的整个生产过程都达到了可持续性和可追踪性两个标准。（原注）

的东西很没有意思。我希望更多人能够去亲身体会，去探索更好的方法，从而做到精益求精。

大坊：我们对味道的理解也应该如此。我个人对社会上流行的"常识""排行""非对即错"的观念是抱有抵触情绪的。就算从这里到这里的部分是对的，也存在接近否定的"肯定"，相反的情况也有。如果只是简单地判定"对"，内部必然是存在着分歧的。

一个单词也会因为每个人的理解不同而产生不同的表达。就像"平常"这个词。人们通常理解为老套、没有趣味的意思。但如果我们抛开成见去重新思考何为"平常"，就能真正理解它好在哪里。比如，我们在散步的路上邂逅一朵悄然绽放的梅花，会想："啊，梅花开了。虽然再平常不过，但原来平常是这么好的一件事啊。"咖啡也会有每个人的诠释和对味道的理解。这再自然不过了。

我们不应该通过数字或者数据去了解一切，而应该更往前一步，弄明白自己是怎么想的，享受自我探索的过程。无论是音乐还是绘画领域都注重专业知识。可是就算没有专业知识的支撑，在自我目标的实现上不断追求突破和积累经验，等再回过头来看的时候就会发现其实这也是接近理论的一个过程。

尤其是味觉的世界，就算没有经验积累也没关系。因为味道是人与生俱来的感受。只要相信自己对某种味道的感受，在不断积累经验的过程中自然会形成自己独特的认知。这非常难得。

森光：去您店里的福井县中学生觉得您的法兰绒咖啡很

好喝，他们收获了一段很棒的经历。这段经历一定会成为他们之后人生的养分。刚才我说，客人不是数字。如果有一位客人在我的店里获得了美好的咖啡体验，那一整天，不，甚至在之后更长的时间里这都会让我体会到做咖啡的幸福。

我这个人不擅长记住客人的相貌。我觉得只要他们手里的那杯咖啡好就足够了，大家都是为了喝咖啡来的，在这一点上每个人都一样，所以一视同仁就好。但并不是所有客人都觉得咖啡好喝就够了。来我店里的各式各样的人，我的妻子倒是认得出来，这个人是哪位艺人，我就完全没有这个本事。您呢？

大坊：我在做咖啡和试饮的时候，最为关注的是咖啡的味道。在店里的时候，比起咖啡我更重视人。人很重要。所以，虽然给客人端上一杯不尽如人意的咖啡让我很痛苦，但是在和客人对话后让对方扫兴而归，更让我受打击。我会觉得还不如什么都不说，还会产生在店里不应该和客人聊天这样的念头。每每出现这种情况，我心里都会充斥着这样的负面情绪。

森光：对我来说，沉默的客人更可贵。其实单纯只为了喝咖啡而来的客人更"可怕"。来店里聊天的客人反而没有那么棘手，他们可能有点吵，但是一点也不"可怕"。所以我会更重视独自来店里、安静地喝上一杯咖啡的客人。

大坊：那样的客人明显更多啊。有一次我在外面和一位客人碰了个正着，于是打了招呼，对方跟我说："我去您的店里喝了几年的咖啡，今天是我第一次和您说话。"话又说回来，做咖啡的时候很难同时和客人聊天。不知不觉间，客人们都变成了来店里喝杯咖啡，然后安静地离开。

最近，有位年轻的男客人听说我的店即将关门后，寄来了一封信。信里写道："虽然我们没有用声音交流，但是感觉我在吧台这头和您说过很多的话。"读到这里我开心极了，原来有客人和我想的一样。

回想过去三十八年的时间，在很多瞬间我都觉得比起千言万语，一杯咖啡更能传达我的所思所想。当然这只是我的想法。任何人只要手里有一枚硬币，就可以进来喝咖啡，这才是咖啡店。因此，对每一位客人点的每一杯咖啡，都要以同样的态度去制作，这是我从开店以来就一直珍视的想法。也许有人会说，不过就是一杯咖啡而已，用得着那么认真吗？

森光：这就是咖啡店和喫茶店的不同之处。

大坊：我在店里几乎会对每一位客人说"欢迎光临"和"谢谢光顾"这两句话。说的时候一定会看着对方的眼睛。客人离开的时候也是。只有这样才能真正做到传达感谢。

也有不喜欢被打招呼的客人，把脸转过去或者装作没有听到。但是这样的客人只要再来一次，进店后也会变得和我一样，看着我和我打招呼。在和客人说"欢迎光临"的一瞬间，我们的视线交汇，这个时候我会稍微观察一下对方。等客人在座位上坐下来，我便开始全心全意为他做一杯咖啡，然后利落地端到他的面前。每一杯咖啡我都会专心致志地制作。哪怕眼前放着六七个杯子，我也会特别留意哪一杯是要端给哪位客人的。

我一直没有告诉过别人，我在给每个人做咖啡的时候，喜欢用点"小心思"。这么形容也不太恰当。比如说做这位客人的咖啡时,萃取的温度控制得低一些;做那位客人的咖啡时,冲泡的水流细一点。我喜欢用这样看不见的"丝线"将每一杯咖啡串联起来。

我们在和别人闲聊的时候,若是在不经意间察觉到对方身上的闪光点,会因此感叹他人的好而心生愉悦。在这样的过程中,我们从对方身上所看到的和所察觉到的东西,有时更能说明一个人的本质。人会对这些很敏感。当我们的心中萌生感触的时候,对方一定也有相应的感受。

刚才我说过在混沌中开咖啡店。(参见 48 页)就算来店里的客人只是为了找个地方坐下打发时间,除此之外没有任何期待,但他们只要来第二次,就一定会发生一些变化。店开在嘈杂的城市街道之间,肯定会有形形色色的客人前来光顾。也许这就是我选择在这样的地方开咖啡店的意义。

森光:我还想听您谈一下对抽烟的看法。

大坊:如果有客人想抽烟,考虑到店里也有不抽烟的人,是不是能够从抽两根变成只抽一根呢?对不抽烟的客人来说,若是能理解在一杯咖啡之后想要抽一口烟这样的心情的话,能不能稍微忍让一下呢?我一直在思考能否创造这样一个彼此理解的环境。

森光:我加入 MOKA 咖啡店的时候把烟戒了。好几年前,我在前一个店里就已经禁烟了。对不抽烟的人来说,闻别人的烟味真的非常难受。雪茄的话,闻起来还不错,但肯定也有讨厌雪茄味道的客人。我左思右想,还是决定在店内禁烟。这样一来,客人少了一半。想来也是,如果我是抽烟的人，这样的改变就像是在对自己说"不要来了"一样。

大坊：我在店里挂了提示牌（见次页）。

森光：对我的店来说，很重要的一个标准是客人是不是为了喝咖啡而来。我之前的那家店经常被客人说进店门槛很高。一间咖啡店越是强调咖啡，越容易让客人不敢随意踏进。就好比古人说的，水至清则无鱼。

我的店刚营业的时候，虽然不及摄影师土门拳那般，但也有一段时间为了生计出过各式各样的菜单，像吐司配热茶、冰激凌，等等。等到营业额稳定了，再一个一个拿掉，最后只留下咖啡这一项品类。虽然现在菜单上水果蛋糕再度"复活"，但我们做了很多努力去精简菜单。我很理解，也很赞同您说的在混沌中做咖啡的理念。不过这和我追求的咖啡还是不太一样。

大坊：非常感谢您一直邀请我去拜访埃塞俄比亚和也门的咖啡产地，虽然我一次也没有成功赴约。因为我在开店之初就在心中立下了不休店的准则。

我也思考过应该如何安排休息。也许是出于怠慢，才会一直坚持不改变店的菜单。我有位想要成为甜点师的员工，说要研究出适合店里咖啡的奶酪蛋糕。在进行了各种尝试之后，他的奶酪蛋糕出现在了菜单上。开店以来，店里的菜单上新加的只有这位员工的奶酪蛋糕和黑俄罗斯鸡尾酒。那是用伏特加做基底酒，再加入咖啡酒调制而成的鸡尾酒。这款酒如果用市面上卖的咖啡酒来做的话，味道会很甜。我会用咖啡精，做成甜中带苦的酒。也有想过在菜单上加一些其他的品类，最终都没做。不过还是保留了酒精类饮品和红茶。

喫煙ハ
周りへの配慮ヲ
お忘れなく！
本数少なめに
おねがいします。

パソコンは必要最少限
でお願いします。

左边：考虑到店内的其他客人，吸烟人士请少抽几根。
右边：非必要请勿在店内使用电脑。

森光：我工作的方向是不断舍弃。拜访咖啡产地的经历让我懂了，自己内心里有一些东西是不会随着时代的变化而改变的，中心的本质是不会变的。那些围绕着中心的部分，应着时代的改变，不管发生怎样的变化都没关系。这才是自然的流程。本质始终如一，但周遭的世界不停地在发生变化。从这个角度来看，咖啡店也必须顺应时代的变化。

虽然一直以来日本都是一个茶文化盛行的国度。可是现在塑料瓶装茶饮才是年轻人之间的主流。他们的家里也没有泡茶用的急须 [1]。听说年轻人把这个叫"万事休"[2]。哈哈，现在是这样的一个时代。

不只是我和您两个人，还有其他的咖啡店坚持着自家烘焙和法兰绒手冲。让外界知道它们的存在这一点非常重要。坚持从烘焙到萃取的整个过程都自己来完成，对这份工作有责任感，我认为这是我们做咖啡店的使命。因此，就算现在是罐装咖啡和瓶装咖啡横行的时代，可是等一等，哪里有这么水到渠成的好事。这个时代还存在着手冲咖啡的世界，而我们要坚持在这样的时代发出自己的声音。

我听说在美国有一些店也在做法兰绒手冲咖啡。其他的话，全世界好像除了日本之外，没有听说有别的地方在做。

1　一种煮茶的茶壶。

2　日语中有一个说法是"万事休す"，表示走投无路，黔驴技穷。日语中"急須（きゅうす）"和"休す"发音相同，因此把泡茶和"万事休"联系起来。

法兰绒布料1800年左右在法国流行开来。最初法兰绒指的是羊毛织成的布。等到后来棉质素材出现，才变成了现在的样子。不过，在法国，人们用这种布来遮盖器具。日本人把它作为咖啡滤布，这个用法是我们的前辈开创的文化。我认为这一点很不同。就算是用滤纸，两手拿着的冲法所做出的咖啡也会更好喝。

日本人深知手的重要性。咖啡有很多种萃取方式，日本的咖啡界在每个时代都会出现非常卓越的人。他们耐心地探索着过滤的方法。

大坊：在走上这条路之前，我在银座的琥珀咖啡馆[1]喝过咖啡。店员用法兰绒滤布萃取，从壶嘴流出的水流就像一条细线，整个过程真是美极了。在那个时候我下定决心：这将是我做咖啡的唯一方法，用法兰绒滤布，为每一杯咖啡"画"出一条水流的细线。那之后我就没有用过法兰绒滤布之外的工具。

也许是从那时候开始，我对用手进行的小活计产生了兴趣。我觉得琥珀咖啡馆很好，还有一个理由是我很喜欢他们萃取咖啡的速度。慢慢、慢慢地等待。我是看他们的做法，才决定自己也要用法兰绒的。因此也可以说我是从观赏性的角度进入咖啡世界的。不过，之后我在自己烘豆子、做拼

1　琥珀咖啡馆（CAFE DE L'AMBRE），1948年在银座八丁目创办，是只卖咖啡的咖啡店。店长关口一郎自开店以来一直是日本咖啡界的领军人物，他于2018年逝世，享年一百零三岁。（原注）

对谈 1

配、做手冲的过程中，越来越切身地体会到必须用法兰绒滤布的理由。

这个理由我认为是时间的流逝方式。用略低的水温，一滴一滴地滴滤。我的店里提供的都是深烘的咖啡，所以无论如何都会带有苦味。

也许有人会问：既然咖啡本身已经有苦味了，为什么一定要用深烘的豆子呢？因为如果不做到深度烘焙的话，就不能表现出咖啡的甘味。我追求的是甘味战胜苦味后所呈现出的甘苦与共的味道。咖啡的温度要控制在这样的程度：入口时尽量不要让口腔内的皮肤感到刺激，触感轻盈顺滑。为了减少咖啡的苦味，采用低温萃取，粗研磨，一滴一滴，耐心地滴滤。这样做出来的咖啡甘味的成分更多。

坚持这样花时间去冲一杯咖啡的理由还有另外一点。在冲咖啡的这段时间内，客人必须等待。也许这才是我坚持法兰绒手冲的最大原因。我的店不大，所以客人坐在位置上一看就能明白"现在是在做我的咖啡"。做好一杯咖啡是需要时间的，客人必须静静地等待。现在回想起来，对于忙碌的都市人来说，等待咖啡的那一段时间何尝不是脱下防备的铠甲、拥抱内心安宁的宝贵时光呢？

森光：回到最初的问题，为什么不用滤纸而要用法兰绒布呢？（参见上一页"咖啡美美"的法兰绒滤布照片）因为咖啡的香味成分只能溶解在油脂里。如果用滤纸的话，咖啡的生命——香味的大部分都会被纸吸走，从而无法做出十足美味的咖啡。虽然现在都在说用滤纸就能简单地冲一杯好咖啡，可是一杯好的咖啡绝对不是那么简单的。我坚信只有认真投入时间、精力和心思，才能做出真正的美味，所以要用法兰绒手冲。

大坊：我的店里用的滤布要厚一点，因为想让过滤的速度慢一点。

森光：最近我在研究如何做出用棉和大麻纤维混织的滤布。在世界上最古老的咖啡书《关于咖啡的一切》（*All About Coffee*，1922）中，我们可以查到"过滤"一词的相关记录。很久以前人们就尝试过各种方法来进行"过滤"，有人也用过大麻布。

大坊：前几天您来的时候穿的那件薄衬衫，是大麻布料制成的吗？

森光：对！我越来越喜欢大麻布料了，于是找裁缝做了衣服。回到刚才的话题，理想的萃取包括从闷蒸到滴漏到注水的整个过程。大麻纤维中带有很多小孔，因此，相较于传统的纯棉滤布，混合了多孔质地的大麻纤维所制成的滤布更能够在萃取过程中保留咖啡豆本身的香味和油脂。在闷蒸阶段，滤布纤维表面的细绒受热而膨胀，在滤布内部撑起一个网，到了后面的注水阶段，纤维重新恢复到原来的状态，这样有利于保持水流通畅。简言之，就像是水闸的作用，帮助萃取过程更好地进行。我想做这样效果的棉麻混织滤布。

在我看来，使用双手的萃取方法和日本的饮食文化有着很深的渊源。第一，日本人吃饭时是坐着，一只手拿筷子，一只手端着碗。打抹茶时也需要同时用两只手来打。这是日本非常不同于其他国家的地方。哪怕是用滤纸来做，两只手分别拿着滤杯和手冲壶做出来的手冲咖啡，也肯定要更好喝一些。我认为世世代代的日本人都明白用手的重要性。对此您怎么看呢？

大坊：说到我的萃取方法，不过是为了让热水均匀地滴在咖啡上，这边倾斜一点，那边倾斜一下，晃来晃去的过程中不知不觉间就成了现在这样。没有什么特别的考虑。

对我而言，这样的方法能够更自然地感觉到手的动作。另外，我特别注意的一点是：在注水的时候要放慢速度，如同画一条细细的水柱线般连绵不断地滴入热水。我会留心把萃取过程控制得比较缓慢。我想起来了，森光先生您有一次在指导法兰绒手冲的工作坊上，曾经说过"拙者巧也"这样的话吧。我就是一个笨拙的人。

森光："拙"这个表述是我从画家熊谷守一[1]那里现学现卖的。当客人问我究竟怎样才能冲出好喝的咖啡，我总是告诉对方，关键词是"慢"。在一开始用点滴方式的时候，只要认认真真、随心地让咖啡粉受到均匀地浸润，哪怕是手法笨拙一些，也能做出好喝的咖啡。也许正是因为保留了"随心"的态度，咖啡的味道才会更加深邃。

但是闷蒸阶段过后的萃取原理又不一样了。在那之后，要利用自然界的热量和重力原理，对准一处注水。因此，在做法兰绒手冲时，利用自然的重力将热水注入咖啡粉自身形

1　熊谷守一（1880—1977）是森光宗男十分敬爱的画家。以画风极简、色彩明亮的作品著称。随笔也广受世人好评，随笔集《拙者，亦画也》（へたも絵のうち）一直是畅销书。（原注）

成的粉层之中冲出来的咖啡，风味比移动水柱冲出来的更加直观。咖啡精华的浓度有一个从浓到淡的变化过程。与依靠人为的讲究相比，依靠热量和重力的关系以及布料生命机理而做出来的咖啡，有着自然的味道。

大坊：我一直都采用保持一条水线的注水方法。因为我的体型没有特别优美，所以尤为注意自己站在吧台里的样子。至少在做咖啡的时候，要保持一定的"型"。

我站在吧台里时，会保持身体小幅度地向前倾斜。两腿一前一后稍微分开，这样身体的重心就比较容易在前脚后脚之间移动。腿伸直，身子挺立，这样的姿势能够让水壶中的热水保持直线注入。注意力集中在躯干的话，体态自然会变好。我这并不是夸夸其谈，而是多年坚持下来得出的经验。

人生来只有两只手，因此左手和右手必须一直做不同的事。好比我们把洗洁精挤在海绵上，然后洗杯子。左手放置洗干净的杯子的同时，握着海绵的右手又去拿下一个要洗的杯子。两手忙个不停。虽然速度很重要，但我很注重保持两手动作的流畅性。毕竟萃取的时间很长，在其他的事情上就得尽量花最少的时间。

有次发生了这样一件事。某个休息日时，我路过了自家咖啡店，看到店内员工工作的样子，真是赏心悦目极了。那时我感到非常欣喜。还有就是工作空间不摆放任何不必要的东西。对，这点最为重要。我们之所以能够把吧台里不大的空间安排得井井有条，我想也许是因为那里没有摆放任何多余的东西。

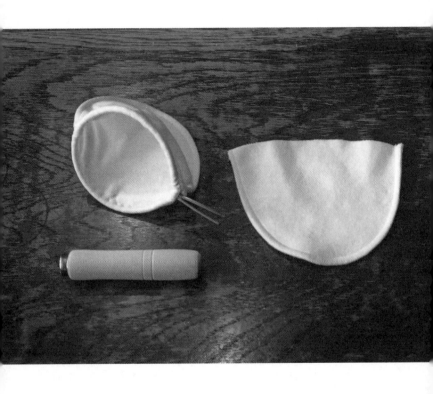

森光：我的店也像这样，也许应该说这是来自"场"的教导。学习事物最快的方法不是先用头脑思考怎么做，而是在现场切身地体会。

大坊：做手冲时需要很专注。也许这是一种习性，也许是做这个必须要用到两只手，所以大脑能集中注意力。"专注"十分重要。还有一点是因为有吧台。就算在周遭发生着很多事、情绪容易躁动的时候，只要站到吧台里就要保持专注的状态。这是基本的姿态。只要站在这里，这样做着手冲，就要让心灵沉静下来，让心境回到原点，我一直抱着这样的态度。

森光：襟立先生过去总说，只要自己一拿起手冲壶，心情立马变得畅快。就算遇到很多不顺心的事，拿起手冲壶的瞬间仿佛又回到了自己的轨道。做这一行的时间久了，很能体会襟立先生的感受。

大坊：没错。也许这就是回归自己本原的状态。我做不到和襟立先生一样。风味管理是我每天都在反复做的事。今天的咖啡豆这里味道比较突出，做的时候这样做。我只不过是每一周每一天都在考虑这些问题。我不怎么回想某一款豆子曾经喝起来的味道。

我不敢说现在的咖啡要比过去好喝。也许有客人更喜欢刚开业时，店里做的苦味突出的咖啡。我只是不断进行着"今天试味，明天烘焙"的工作，每日不厌其烦地重复着同样的事而已。

森光：这就是"重复"的重要性。我在自己的书里[1]写过"周而复始"一事。

可惜的是大概因为法兰绒用起来比较麻烦，所以很难流行起来。说起来，有一件事情我怎么都无法理解。有的咖啡店也说法兰绒手冲是最好喝的，可是却偏偏不用。心里有着深受感动的咖啡，为什么不去追求它，反而去做其他的呢？对此我实在是难以理解。

正因为如此，现在我正在和富士珈机[2]公司合作开发一款法兰绒手冲咖啡专用的工具，用它在家也能轻松做出十足美味的咖啡。[3]《关于咖啡的一切》这本书里提到了最早的咖啡滴滤工具——1800年法国人发明的咖啡滴滤壶[4]，我的目标是制作它的现代版。

1　森光唯一的著作《从MOKA开始》（モカに始まり）。（原注）

2　富士珈机（日文：株式会社富士珈機）是成立于大阪的咖啡器械制造公司，主要生产咖啡烘豆机、磨豆机等器械。全线产品以FUJI ROYAL（富士皇家）品牌进行售卖。

3　在"森光宗男监制"之下，经过多方努力和反复试验，2017年富士珈机公司推出了名为"Nel Brewer NELCCO"的法兰绒手冲专用套装。（原注）

4　1800年，法国教士杜·贝洛瓦发明了一款两层式滴滤壶。壶的上层和下层由金属滤网隔开，上层放入研磨好的咖啡粉后注入热水，萃取出的咖啡液过滤后滴入下层。这一发明开启了滴滤咖啡的历史。

法兰绒手冲咖啡是日本喫茶文化的集大成者。我没有做什么特别了不起的事，只是不断尝试用契合当下时代的方式去推广前辈们构筑起来的日本法兰绒手冲文化，它是我们独特的文化。有了 Nel Brewer NELCCO，就算不会点滴技法也能做出一杯法兰绒手冲咖啡。这样的话，忙于照顾孩子等事务的人，在自己的家中也能喝到美味的咖啡。

　　我找到了新潟县燕三条的匠人们，请他们将我构想的滴滤方式付诸现实。最开始我打算做成类似法国人最早发明的滴滤壶的样式，可实际试过后发现很困难。我们还在反复摸索。

　　大坊：简言之，法兰绒手冲的美妙之处在于咖啡从滤布的缝隙一滴一滴落下时所产生的独特的"留白"。

　　森光：没错。热水穿过滤布滴落产生的"留白"，等待的"留白"。

　　大坊：等待咖啡的留白时间是多么重要啊。

　　森光：用滤纸和滤布的效果差别非常大。这点是可以断言的。法兰绒滤布的优势在于可以中和豆子中的油分，充分释放咖啡的香味——这是咖啡的生命。这和制作玫瑰香水时所采用的水中蒸馏法是同一个原理。将花浸泡在水中，通过底部加热提取出水蒸气和含油分的香味成分。玫瑰的香味分子出乎意料地可以溶解于水。

　　大坊：和咖啡的香味分子一样。

　　森光：对。如何能够提取出优质的油分，这是决定咖啡风味的关键。这一点绝不可马虎。用法兰绒滤布，每一杯都仔细地闷蒸，萃取出咖啡精华。这样才能提取出可以说是咖

啡生命的香味分子。

要说为什么一定要用法兰绒滤布而不用滤纸，是因为咖啡的风味只溶于它的精油成分，而用滤纸的话，（油分被纸吸收）会带走咖啡豆最核心的香味，这样一来就无法充分展现出咖啡的美味。滤纸无论怎样改良，都无法完全避免纸的臭味，并且用一次就得扔掉也不环保。

从今往后，我们必须转变思维，从提倡一次性转变为重视物品的持久耐用性。暂且不谈这个道理是不是人人自知，一些咖啡专业人士依然以滤纸最方便为理由推荐给客人在家使用。我对此甚至感到愤怒。

大坊：森光先生，您没必要生气。我这个人分不太清楚咖啡的味道和香味分别从哪里来。从某种意义上，我认为用滤纸做的咖啡和用法兰绒滤布做的咖啡，在味道上区别不大。可是您说的最后一点，咖啡豆的精华通过滤布一滴一滴地落下，最后凝聚成一杯咖啡，这是唯独法兰绒手冲才有的风味。将这一点视为咖啡之生命的人是无法舍弃法兰绒手冲的。

森光：从烘焙到萃取都要认真面对，这是我们作为咖啡师的责任。我希望能够提醒世人，在这充斥着罐装咖啡和便利店咖啡的时代，依然存在着一个专业咖啡师努力坚守的世界。再者，我重新思考了这个问题：为什么说法兰绒手冲咖啡更好喝？除了保留咖啡豆中的油分，从而使得味道更加和谐这一点之外，最重要的是法兰绒手冲依靠的是咖啡自身的力量：咖啡粉在闷蒸过程中自然地分层，咖啡靠着自身的重力完成滴滤。

我和大坊先生今年都六十七岁了。人随着年岁的增长不再一味地往前冲，过去的经历化作我们理解日常的一张滤网。法兰绒手冲咖啡的道理又何尝不是这样呢？自我过滤，再经历磨砺和修炼，最终变成一杯咖啡。这么看，就和我们的人生一样。

大坊：只要认真地做一件事，就必定会有所发现和领悟。

森光：我还是要强调，"重复"这件事对于职人是极其重要的。作为咖啡师，好奇心和探索心是我精进的原动力。我希望大家不要去想别人在做什么，而是坚持根据自己的体验去做判断。希望年轻人也能通过做咖啡而切身体会到这个道理。

大坊：至于味道，因为咖啡豆在不断地变化，过去和现在的味道肯定不一样，要说一样也无可厚非。有的人不喜欢酸味，有的人不喜欢苦味。我给自己立下的目标是做出这两类人都满意的咖啡。也许要花上我的所有运气才能实现吧。

有段时间我对每一种豆子的烘焙温度点都做出了调整，整体风格相对变成了浅烘。当然，为客人端上一杯和店里一直以来的深烘都不同的咖啡，还能否称它为"大坊咖啡"呢？对此我曾有过犹豫。

做品测时，我会有意识地去寻找咖啡的味道。这一次喝起来是这样，应该做哪些调整，如此这般一步一步地接近心中理想的味道。这就像是我们在听多人演奏的爵士乐表演的时候，如果耳朵只关注鼓声，这部分就会听得异常清楚。因为这是我追求的味道，所以并不觉得有什么不对。这么一来，不知不觉间烘出的味道就比预想中还要浅，于是我决定往回调整一些。

可是当我想要调整到只比原来的味道稍微浅一点的时候，却发现很难实现。需要花费和之前调整烘焙温度点相同的时间。因为改变不是一蹴而就的，需要循序渐进地偏移烘焙的温度点，在调整的过程中寻找最佳值。理论上来讲，把烘焙温度点调整到浅烘的标准就行了。有些人也会劝我这样做，不过我始终觉得有所欠缺，那种话听一听就好。

有一百个人就会有一百种做法，一百种喝法。不论是怎样的咖啡，客人有怎样的偏好，我都愿意去接受。我不过是一遍又一遍做好所有的工作，并坚持做下去。

若只是相信资料里说的绝对理论，而不根据自己的经验去操作，这算什么追求呢？也许那也是一百种做法中的一种吧。我始终认为如果是做咖啡的人，就应该追求自己理想的味道。这样不是更有趣吗？

但也有人是追求精品咖啡所重视的香气的极致。有的同行来我的店里，虽然觉得咖啡很好喝，却非常明确地说"这并不是我要做的咖啡"。我想这样的人在做咖啡的时候一定有他自己对香气和味道的执着。

森光：我们追求的不是精品咖啡的竞标豆，而是很早以前就开始进口的传统商品咖啡豆。虽然偶尔我会前往产地去寻找豆子，但主要还是从供应商提供的品类中挑选。专业的咖啡豆供应商能够拿到很多种类的豆子。比如危地马拉，会有来自不同产区的豆子。在这里面我再去挑选适合自己的。像也门和埃塞俄比亚，因为我亲自去产地考察过，知道哪片土地上能采收怎样的豆子，所以自己很确信要用哪个产区的豆子。

大坊：也许我要说的和精品咖啡不无关系。在埃塞俄比亚和也门的咖啡豆这方面，我承蒙您不少的恩惠。[1]比如说摩卡依诗玛莉这种豆子，它的特性是别的咖啡豆无法代替的。还有之前的 Jerjertu Abyssinica[2]咖啡豆，它的性格也是独一无二的。是您让我知晓了这些咖啡豆的存在。

哥伦比亚产区有种叫"翡翠山"的品牌豆，价格大约是精品咖啡豆的三倍。我品尝过。坊间流传说哥伦比亚的咖啡豆质量不如从前。我注意到"翡翠山"和现在我用的哥伦比亚咖啡豆在经过烘焙后所呈现出的味道有些不一样。不论我怎么改变烘焙方式，现在的哥伦比亚豆子都无法达到"翡翠山"带给我的味觉感受。它很难用语言来描述。也许就是您刚才提及的"典雅"气质，一种令人感到充盈的味道。

然而，要一直做出那样的味道是极其不易的。所以当时我决定不用"翡翠山"，依然用原来的咖啡豆。虽然不论我怎样在烘焙上下功夫，都无法做出"翡翠山"独具的典雅、充盈的味道，但是我还是会考虑自己能做到的程度。所以我

1　森光的产地考察活动对当地咖啡豆进入日本市场，产生了开拓渠道的促进作用。（原注）

2　原产于埃塞俄比亚东部 Jerjertu 村（北纬 9 度，东经 41 度。产区位于山南坡，海拔 1800 米，火山土壤，年降水量超过 2000 毫米，适宜咖啡生长，且采用古老的咖啡种植方法）的 Abyssinica 种咖啡豆。

相信，精品咖啡有着我店里的咖啡所不能呈现出的味道。

森光：有的咖啡豆是专门为了精品咖啡而生产的。如果该地区的土壤饱含矿物质，它产出的生豆品质会非常不错。换言之，如果没有了矿物成分，品质又变回普通。因此，比起我们常用的也门和埃塞俄比亚的豆子，精品咖啡豆的寿命十分短暂。用精品豆做出的咖啡也如同转瞬即逝的昙花。这样的咖啡不是没有人做。

大坊：我完全不想用这样的豆子，也不想做这样的咖啡。

森光：嗯，我也是。

大坊：我品尝过很多埃塞俄比亚的豆子，然后在个中对比之下，甄选出最满意的使用。也遇上过咖啡豆因为农药问题而断货，这时候我会转向那些一开始没有选用的豆子。努力用烘焙去唤醒它们沉睡的力量，它们也会变身为不错的豆子。这是我倾向的做法。只要努力，总会有实现的一天……

森光：说明豆子本身的资质很好。

大坊：没错。这样的工作另一方面也是为了让咖啡一直可以做下去。和咖啡打交道的时间长了，当然会遇见品质不佳的年份。可是我始终认为，不应该当下立断某某豆子今年质量不行就弃而不用。我相信如果和它不断地磨合下去，它一定会变好。不过，我也不是和世界上所有的咖啡豆都有过交情，那是多么艰巨的事业啊。可凡是我经手的豆子，我都会好好和它们相处。

森光：所以说一杯咖啡的味道，七成靠生豆，二成靠烘焙，一成靠萃取。不过其中只有萃取最为受到重视。

大坊：我不好说各占了几成。但最重要的一定是豆子本身。其余的地方不管怎么努力，都无法超越豆子本身的品质。我们是否真的发挥了豆子自身所有的资质，这是我们应该钻研的地方。只有做到了这点，豆子才会逐渐对我们展露娇颜，仿佛感谢我们对它的认可。我无意言传身教自己的烘焙理念。豆子本身究竟对咖啡的味道有几成的影响，实在难下定论。

要说钻研，那一定是贯穿了从生豆到烘焙、选豆再到萃取的所有工作。不能说烘焙做得不错，在萃取的时候就可以掉以轻心。只有认真妥帖地做好每一道工序，一杯好的咖啡才能诞生。每一天，每一刻，做好力所能及之事，除此之外别无他求。

我所做的工作就到此为止。之后就像我们在聆音观画时那样，任由品尝的人各自品尝。当然，我也无法彻底割舍心中对客人品尝方式的期许。

森光：哈哈哈。客人买咖啡豆时，我多想能跟着他们回家，在厨房里告诉他们应该怎么冲。这样才会心中无悔。大坊先生您也这样想吗？没有想过？我一直认为店里售卖的不只是咖啡豆。

客人经常会跟我说：在家做的味道始终没有店里的好喝。虽然我没觉得店里的做法有多么难，也许因为在家里环境和条件都发生了改变吧。我很希望能为客人提供一些手冲方面的指导。这样他们如果买了其他店的豆子，做出来的咖啡味道也能有所提升。

大坊：有的客人会说，我只喝加了糖和奶的咖啡。但习惯这种喝法的客人，在我刚才提到的调整烘焙温度点的时期，也曾指出过豆子烘焙深浅的差别。大家都有各自的喝法。听从自己的心之所向是最重要的。

森光：哈哈哈哈，说得太对了。不要依靠精品咖啡书写的风味指南，要靠自己的感受才能拓宽世界的边界。百人百态的世界才更加开阔。

在味道上，余韵很关键。就像我认为在音乐里，由"哆""咪""嗦"组成的和弦是最具力量感的。在拼配咖啡豆时，我潜心遵循着这个原理，寻找咖啡的"哆咪嗦"和弦。只有当我发现它的时候，才能做出真正有余韵的咖啡。总的来说，我心中先有了意象，然后不断地在实践中朝它靠近。不过客人当天的身体状况之类的因素会影响到他的味觉感知，因此客人能否超越日常的味觉体验，进而体会到味道的余韵，这一点对我十分重要。

大坊：准确地说，咖啡的味道每天都在发生变化，这也许类似您说的余韵。大多数人在我看来都有意识或者无意识地感受着这些变化，也有的人提出专门的主张。我想我们应该对此心怀感激。

我店里的拼配混杂得很随意，有些难以启齿。我每天为了试味会加一些不同的豆子，说每天也许有点夸张了。比如我会混入埃塞俄比亚不同产区的豆子。不知道和我这样的做法是否有关，拼配豆的味道喝起来几乎没有区别。可能是混的种类太多了。有时我会故意偏移烘焙的温度点，倒是有不少客人能察觉出由此产生的不同。

也会出现实际的烘焙结果和刻度表显示的变化不一致的情况，有时候按照往常的做法做烘焙，可曲线却呈现出不同于以往的浮动。我一旦有"好像烘得太深了，稍微调浅一些吧"这样的想法，烘出来的豆子就会逐渐向浅烘靠近。这么一来，到某个节点又会觉得"不行，太浅了"。总是会有这样一个反复的过程，虽然严格来说画不出那么工整的曲线。

至于如何判断烘焙的程度，我是看豆子的颜色。像这样，仔细地认真观察豆子的颜色。觉得是"这里"的时候，下豆。大致上，"这里"有一个参照点。但是，不是说"这里""这里""这里"都行（大坊先生说的同时，手往左右移动）。

森光先生您用烘豆机的话，当提示音响起时就是应该打开炉盖的时刻，而我则必须通过观察豆子的颜色来判断什么时候应该打开炉盖。所以对我来说，每一次都不一样，每一天都是从零开始。我之所以探究不同豆子的最佳烘焙度，是为了做出自己喜欢的味道。不过我坚持采用一个标准：每次豆子的烘焙时长为 30 分钟。如果在烘焙早期阶段就将火力控制得比较小，咖啡豆几乎不会进入爆点[1]。在研究火力的掌控上，我花了很多心思，因为我相信用这样的烘焙方式才能实现温润并复杂的味道。

还有一种烘焙方法：在一爆结束之后立刻转为小火，之后慢慢地加热。这样出品的豆子喝起来味道有张有弛。两种

---

[1]　生豆受热后体积膨胀，内部细胞随之发生变化。随着烘焙的进行，豆子发出声响，开始进入爆裂状态。这个状态称为爆点。爆点是判断豆子烘焙程度的参考，按程度分为一爆、二爆、三爆。（原注）

方法我都尝试过很多次，最终还是回归到小火慢烘的方法。

在下豆温度点的判断上，如果是用手摇烘豆器，下豆的时机哪怕是差 1 秒都会导致味道上的很大变化。因为手摇烘豆器没有温度计，所以我会一直观察。烘焙的最后阶段决定了豆子的最终表现。这个时候，我好像能听见一个声音在说：喂！听得见吗？现在是浅烘哦。听到这句话之后，我会再继续烘一下。有时候也会烘过头。我想那个声音恰好印证了当时自己所思所想的方向。

森光：单就温度点的把控来说，有机器辅助的话，那可大大不同。我店里的下豆温度，不论是哪种豆子，都是一样的。可是这之前的工序，每种豆子都不一样。比如曼特宁的脱水时间比较长，之后再慢慢升温，直到达到下豆的温度。虽然在此之前的过程各有千秋，但是下豆的温度是一定的。这是基于我自身的实际体验而得出的温度值。不是看咖啡豆是哪个品种，而是将咖啡作为饮品去考量烘焙需要抵达的终点。始于此，终于此。就像我之前说的，由"哆"开始，由"哆"结束。

大坊：下豆的温度点是最高的吗？

森光：不是最高的温度，是对咖啡豆来说"略微留有上升空间"的温度。

大坊：您刚才说所有豆子都是这个温度，对吧？

森光：对，都一样。

大坊：我的话，在烘焙最开始用 100% 的瓦斯火力，中途调到 50%，然后降到 30%，最后根据烘焙的进展情况，可能再调小一些。不过最终的温度是多少度呢，我不知道。

森光：物质自身有它的最佳活性温度。蛋白质、油脂的温度在稍高于人体温度的条件下能最大限度发挥效用。咖啡也是。烘焙中超过 130℃后，咖啡豆的活性变高。MOKA的店长曾经说过，成 S 形特性曲线的烘焙过程是最为饱满的。当然，也有人采用别的烘焙方法。

有起有落的 S 形特性曲线通常指的是在冲洗照片时所参考的反映胶片感光与显影之间关系的曲线，刚开始平稳上升，然后缓缓下降。这样冲出来的照片，颜色梯度最为饱满。

若是换成咖啡的反应过程，通常烘焙指南上会写从130℃开始上升到 190℃，然后再到 210℃，最后止于215℃。我的话最后的温度会控制得更高一些。当豆子马上要开始呈现出像锅巴一样的焦黄色时，立刻结束烘焙。我追求的是这一阶段所催生出的醇厚的味道。说到底，烘豆子和煮饭是一回事。

大坊：虽然我刚才说过在烘焙的初期阶段会用 100% 的火力，可根据不同豆子的实际情况，烘焙过程略有不同。有的时候我会提前把火力调至 50%，或者调到 45%，或者延长这个阶段的烘焙时间。不过，在最后的阶段我几乎是不会加强火力的。犯错的时候除外。有时候我感觉进度太慢，还是忍不住会调大火力。

在烘焙的最后阶段我一直坚持开小火，不知道炉里的温度究竟是在升高还是在回落呢？

森光：应该在升高吧。

大坊：也就是在烤制完成中。

森光：比如巴西的豆子，为了让它们有浓郁的香味，我会特意烘得深一些，在烘焙的初期稍微增强火力。不过，如果我要烘用来拼配的三种豆子，其中一种是巴西的豆子，每种咖啡豆要有自己的性格，才会创造出美妙的视觉与味觉享受，有点像刚才我们谈到红蓝黄的色彩理论。这是我根据经验研究出的做法。

大坊：没错。在这方面，没有所谓的统一基准。比如，混入烘焙度 −3 和烘焙度 +3 的豆子，可以得出 0；混入烘焙度 −1 和烘焙度 +1 的豆子，也可以得出 0。比起混合味道明显不同的豆子的拼配方法，我更倾向于混合几种风味相近的豆子的拼配方法。

森光：在色彩搭配上也是如此。包豪斯艺术运动中有一位叫作约翰尼斯·伊登[1]的艺术家，他在色彩理论方面非常有建树。他提出了分析颜色的"明暗""冷暖""补色""色阶""鲜艳度"等七个维度。烘焙度 −1 和烘焙度 +3 的组合也可以接近理想的味道，方式有很多种，没有什么是绝对的。

大坊：混合烘焙度 −1 的豆子和烘焙度 +3 的豆子，或者是混合烘焙度 −3 的豆子和烘焙度 +1 的豆子，我在实际操作中会采用这两种做法。尽管如此，我依然倾向于混合风

1　约翰尼斯·伊登（Johannes Itten，1888—1967），瑞士表现主义画家、设计师、教师、作家和理论家；包豪斯学校色彩构成与基础教育理论的奠基人。

味相近的豆子。我们常说，拼配的咖啡更能够带给我们复杂的味觉体验。的确是这样的。不同味道的豆子经过拼配后会形成一个整体的味觉体验。

森光：根据约翰尼斯·伊登提出的色彩理论，同一种紫色会因为不同的背景元素而看起来不同。因此同样是烘焙度 −1 的豆子搭配烘焙度 +3 的豆子，"−1"具体是什么，"+3"具体是什么，这些元素不同，最终呈现也完全不同。反之亦然，我们也可以通过调整背后的元素来达到同样的结果。

大坊：您指的是每种品类的烘焙度吧。森光先生，您刚才说在烘焙巴西的咖啡豆时，为了获得浓郁的香味，在烘焙的初期会稍微增强火力。每种豆子因为烘焙方法不同从而具有自己的性格。为了能够在拼配中更充分地展现出每种咖啡豆的特点，我们需要为每一种品类分别做特写。我用正负（ + − ）来表现在日常制作的咖啡风味中，每种咖啡豆的性格所显露的程度。当我真正了解到它们各自的性格之后，更想要充分展现出它们独特的魅力。也正是因为喜欢，我才一直坚持把它们作为我的拼配伙伴。现在在我的拼配队伍中已经有了好几种品类，我希望能够一直守护住它们的个性。然而还有一点需要强调的是，当我们在面对和处理咖啡豆性格的时候，一定不要把自己放在太过客观的位置，而应该贴近自己的内心。

森光：今天的咖啡您觉得如何？

大坊：要说今天我在"美美"喝的咖啡，坦白地说，摩卡依诗玛莉太美妙了！刚才我来店没多久的时候，就跟您说过，太好喝了！

森光：您能这么说，我太开心了。

大坊：从它的味道中，能感受到刚才我们说的烘焙度 –1 的优点，实属佳品。今天喝的耶加雪菲呢，我个人对它的感受是以 Jerjertu Abyssinica 为前提的。我用烘焙度 –3 的浅烘方式来处理 Jerjertu Abyssinica 咖啡豆，出品带有扑鼻的香味。当我烘焙耶加雪菲的时候，浅烘有着柔和的甜味。但今天喝的耶加雪菲，还要更浅一个度。我不是在说它不好，森光先生，我知道您常用这样的温度点来烘焙。您按您的方式处理就好，这只是我对今天喝的两杯咖啡的感受。不知是否回答了您的问题呢？

森光：当然。要说品尝的先后顺序的话，耶加雪菲应该在摩卡依诗玛莉之前喝。否则会感觉耶加雪菲的味道有些单薄，不论是浓度还是风味。

大坊：的确，浓度很关键。在做风味品测的时候，不论哪种豆子都是 20g 豆子，50cc[1] 的萃取量。按照这个萃取比例品鉴豆子的风味。如果是做单品咖啡，摩卡豆是 25g 豆子，萃取量 50cc。巴西是 25g 豆子，萃取量 100cc。出品浓度各有不同，但在做品测的时候都是同样的浓度。的确如您所说，摩卡依诗玛莉的浓度高，而耶加雪菲的浓度低。也许我的感受与此有关。

1　立方厘米，衡量体积的计量单位。1 立方厘米约等于 1 毫升。

森光：在分量上也是翻倍的。摩卡依诗玛莉是 30g 萃取 50cc；而刚才您喝的耶加雪菲，三杯用了 40g，萃取 300cc。浓度完全不一样。

大坊：浓度不同，喝起来完全不一样呢。所以在我店里的菜单上，拼配手冲可以选择 15g—30g 的豆子，按照不同的浓度来做。

森光：浓度非常关键。

大坊：话说回来，森光先生您的店真不错。位置很好，周围是公园。这一侧有窗户，那一侧也有窗户（指着对面）。天气好的时候，两边窗户都能打开。

森光：路边那侧的窗户是一直关着的。这里真的很安静，是吧。

大坊：嗯。

森光：嗯。（眺望着窗外）

大坊：……

森光：非常感谢您今天到访。

大坊：是什么让我们可以像今天这样，我来到森光先生您的店里，您去东京的时候来我的店里呢？也许正因为我们在 MOKA 的邂逅吧，我感到自己在您的面前可以毫无顾忌，推心置腹。这种心情让我愈发想和您交流对微小之事、对那些别人看来不值得一提的事情的理解和思考。因此，今天非常感谢您给我这个机会。

森光：我也一直觉得您是最适合开怀畅谈的人。今天特别有感触。

大坊：我没有去过产地，也从来没有从科学的角度思考过咖啡，今天才听森光先生您这样说。但您并没有一边倒向科学理论。从您聊到泛音的话语，能够感受到您既信赖人的感性，也能运用科学的分析方法。再次让我领略了您的过人之处。

森光： 哈哈哈哈，没有没有，"薄学"而已，浅薄的"薄"。

拜访咖啡产地国家的话，一般是去埃塞俄比亚和也门这两个地方。可是贸易公司的人通常只会带我们去首都，不会前往实际的产地。和现在不一样。现在是可以去产地的，可是当时不行，公司为了人身安全禁止我们前往。所以在那个年代，去产地的安排少之又少。

不过在当地大家都热情款待我们，一点也不辛苦。拜访产地这件事，大概是我的性格使然，凡事一定要追根溯源才能安心。我的名字叫"宗男"。"宗"这个字就是根本、根源的意思，所以我对追寻事物的原点非常感兴趣。

虽然说是"凡事"，但其实也只限于咖啡的世界。我所做过的旅行都是和咖啡有关的。这么说起来，我和爱人结婚后去夏威夷度蜜月也是和咖啡有关。

大坊： 我旅行很多时候是为了拜访造物之人，聆听他们的故事。咖啡店也是常去的。不过拜访您的店时，想要见您的心情更加强烈。有时候我去现在年轻人刚开的咖啡店，看到他们的样子会心生羡慕。他们让我想到自己最初开店的时候。我不会和他们聊太多，可是会一直看着他们工作的样子。

森光： 年轻时，单纯因为喜欢而做一件事，那种坦率真

好。到了我们这个年纪，很多人想的都是怎么赚钱。

大坊：记不清是在读高中时，还是毕业之后，我很想从事非虚构写作，想做像立花隆[1]记者揭露洛克希德事件[2]那样的事。当时我有着强烈的愿望，想要清醒地揭露隐藏在这个世界的事实。那段时间我一直在思考自己应该怎么做。

然而现在，我逐渐意识到那些隐匿的部分也是社会混沌的一部分。为了能够清醒地与混沌相处，为了不被金钱束缚，我决定开一家咖啡店。

森光：哈哈哈哈。

1　立花隆（1940—2021），日本记者、评论家，1974年在《文艺春秋》11月号发表文章《田中角荣研究——其金脉与人脉》，揭露时任首相田中角荣及其亲信以钱养权、以权敛钱的事实（田中家族企业以4亿日元购买信浓川河床土地后，因相关建设工程获利数百亿日元等），促使田中角荣于当年12月辞职。此报道引发日本社会对田中角荣金脉问题的关注，确立了立花隆在新闻界的地位，但他并非洛克希德事件的直接揭露者，而是对相关调查和审判进行过追踪报道。

2　1976年2月4日，美国参议院外交委员会跨国公司小组委员会主席邱比奇在听证会上，揭露了洛克希德公司为向国外推销飞机而以各种名义行贿外国政要的不正当竞争事实。洛克希德公司是当时美国最大的飞机制造公司和军火供应商之一。洛克希德公司副董事长在听证会上证实曾通过日本的代理公司丸红公司向日本政界有关人物赠送了巨款。日本检察官在其后的调查中发现，前首相田中角荣在任期间通过丸红公司四次收受洛克希德公司的贿款共5亿日元，田中角荣因此被逮捕并退出自民党。该事件与昭和电工事件、造船丑闻事件、里库路特事件并称日本战后四大丑闻事件。

大坊：暂且不论稳定与否，总之在那个人（惠子）的身边做着自己喜欢的事。我心里一直有这个想法，之后过上了这样的生活，没有什么不可思议的。在开咖啡店之前，我还想过做迷你杂志。

曾经有一本叫《火炬》（たいまつ，1948—1978年发售）的新闻周刊，我一直都有订购。这本杂志是曾任报社记者的武野武治[1]创办的。武野认为日本的报社没有为战争负责，他对此心怀自责之念。离开报社后，他自己一个人在秋田县创办了这本杂志。

受这本杂志的影响，我曾想过做迷你杂志，或者是做一面报纸墙。不过左右斟酌之后放弃了这个想法。只不过是经营一家咖啡店，我也没什么好宣扬的。我逐渐意识到世界上存在着各式各样的看法，我作为空间的提供者，在人会聚的地方不应该进行自我主张。实际上，等我在店里开始做咖啡之后，也顾不上这些了。

森光：脑子只想着第二天要做的咖啡。

大坊：没错。我很喜欢做书。我会把杂志上的连载文章裁剪下来，然后整理集成一本册子，每一本都会取一个名字。我认识一个人，他订购了全日空航空公司的机内杂志《翼之王国》，每个月都会带这本杂志给我。我把里面刊登的

---

1 武野武治（1915—2016），曾任职于报知新闻社、朝日新闻社，作为随军记者奔赴"二战"战地报道。日本战败后毅然决定退社，创办《火炬》杂志，宣传反战思想。（原注）

oki shirou[1] 的连载全部剪下来，整理成一本书。用这种方法可以制作出一本独一无二的书，只要用心整理。我做了漂亮的布面书皮。来店里喝咖啡的客人之中也有喜欢做手工书的人。

我一度萌发出用语言写下自己为什么喜欢平野辽的想法，当时正好有一个契机，促使我将自己的所思所感付诸笔墨纸张。它们后来汇集成了一本书。来咖啡店的有各式各样的人，店里如果放着书，便会有客人挑来看。一本书可能被好几个人读过。咖啡店里有很多乐趣。起码，我很享受。

我从平野先生的太太那里借了平野辽先生的画作，挂在店内的墙上。有一家叫作 Switch Publishing 的出版社的员工看到后很感兴趣，想要刊登。这件事又引起 NHK 电视台的兴趣，他们来做了一个很短的节目，之后又发展成时长 1小时的节目（《星期天美术馆》）。

小小的一株芽慢慢伸展到很多地方。往好的方向想，我已经实现了最初想要做迷你杂志的心愿。在这一点上，森光先生也是这样吧。您用强大的力量，向周围的人们传递着什么。

森光：过和别人不一样的生活，这是我的最大前提。包括在做咖啡这件事上，我也有意识地去探究不一样的理解。

---

1 oki shirou（オキ・シロー），日本作家，主要撰写关于酒的散文及故事，代表作品《海明威的酒》《金姆雷特之海》《孤独的马提尼》《龙舌兰的日出》等。

一个偶然的机遇让我加入MOKA，决心成为一名咖啡师。虽然我在那里学习到很多品类的咖啡，可是却一直不明白摩卡咖啡为什么会散发出如此特别的香料气味。诚然，我对此按照自己的方法展开了一番探究。

我的店名是古代美术鉴赏家秦秀雄先生取的。秦先生曾是鲁山人创立的和食餐厅"星冈茶寮"的经理，他和白洲正子[1]、小林秀雄[2]活跃在同一个时期。最初是MOKA的店长把鲁山人的著作《料理王国》借给我，让我研读。我怀着兴趣，在查找资料的过程中发现相关人士仍然健在，于是前去拜访了秦先生。秦先生得知一个做咖啡的年轻人想学习鲁山人的东西，因此非常关照。我当时还在店里研修，没有钱，没有能力给秦先生回礼，可是秦先生依然慷慨地送了我很多东西。

当我告诉秦先生自己要开店时，他给我的店取名"美美"。我跟他说，以"ば（ba）行"[3]开头的词语起名的咖啡店很多，于是秦先生说"我是靠审美吃饭的"，所以第一个字取为"美"，再加上"美味"的"美"，就叫"美

1　白洲正子（1910—1998），日本散文家、古董收藏家、能剧演员。

2　小林秀雄（1902—1983），日本文艺评论家、编辑、作家、美术古董鉴赏家，近代日本文艺评论的创立者。

3　指日语五十音图中は（ha）行浊音化之后对应的五个音节：ば（ba）、び（bi）、ぶ（bu）、べ（be）、ぼ（bo）。

美"，读作"bimi"（美味）[1]。秦先生还告诉我，只要用心经营，店的名字自然会越看越妙。最开始有的客人管我的店叫"bibi"（ビビ）或者"mimi"（みみ），但是只要读对一次，就会明白店名和"美味"之间的关联，不过这个名字的确很少见。

我和秦先生之间还有很多回忆。有一次，我们俩去神田町的二手书店探店，搜罗有关咖啡的书籍。当时我们收集了很多"星冈茶寮"出版的小册子，仿佛是这些册了主动找到我们似的。后来，出版社以我收集的这些册子为原型，出版了复刻版的书籍。

大坊：实在抱歉，我从来没有查找过和咖啡有关的书籍文献……

森光：哦?

大坊：为什么会这样呢? 我现在也感到难以置信。我真是个懒惰的人啊。

森光：我在MOKA第一次看到了奥山仪八郎先生的版画集《咖啡遍历》，奥山先生曾经来过"美美"。这本书我也找寻过。

大坊：我……究竟为什么去二手书店却不找有关咖啡的

---

1 "美"在日语里有"bi"（び）和"mi"（み）两种发音，店名"美美"读作"bimi"正好与日语中"美味"一词同音，因此后面提到不熟悉的客人会弄错店名的读音。

书呢，真是惭愧。巴赫咖啡店[1]的店长田口护先生出的《咖啡大全》，我倒是买了。内容是田口先生早期的咖啡讲义。

森光：在那段时期，只要是有关咖啡的东西，我都会收集。从杂志里有关咖啡的文章到和咖啡有关的小说，最终我的收集对象延伸到世界上第一本咖啡书《关于咖啡的一切》。买到这本书的时候，我自己都难以置信。

大坊：在这方面，我真的是太惭愧了。

曾经有一位调酒师对我说："大坊先生，只要有一瓶威士忌就可以开酒吧。就算什么都没有，也可以做下去，我一直保持着这样的心态。"他的一番话让我意识到自己也有着类似的想法。

森光：您有特意考虑过做咖啡的动作吗？[2]

大坊：倒是没有特别注意，不过可能和我长期看舞踏表演有关。舞踏艺术里，我喜欢土方巽、大野一雄、山海塾[3]

---

1 巴赫咖啡店（Cafe Bach），1986年开业，位于东京南千住区的咖啡店。店里开设有培养咖啡人才的学习班。（原注）

2 大坊先生做咖啡时优美的动作曾让许多客人深受触动。很多人从他的一举一动中发现了独特的美学。（原注）

3 山海塾，成立于1975年，以舞踏艺术家天儿牛大为核心的舞踏团体。

所在的流派——暗黑舞踏[1]。我看他们的舞踏已经有很长一段时间了。舞踏舞者的动作非常优美，哪怕站着不动，他们美丽的姿态都让人不禁赞叹。我一直都很着迷于舞踏艺术。在戏剧方面，我同样渐渐变得更喜欢看没有台词的作品。比如剧作家太田省吾[2]的作品《小町风传》《水之驿站》《地之驿站》等。这些戏剧完全摒弃台词，只用动作来创造舞台上的戏剧感。我喜欢看这样的作品。

我在店里工作不是在舞台上表演。不过有一点我始终非常看重，那就是我在吧台里工作时，所做的每一个动作是否合理：先拿起什么，再拿起什么，是否换另一只手拿更快。我想尽量节省时间，减少不必要的动作，尤其不喜欢来来回回。对不喜欢的地方，我总是想竭尽所能地消除它们。我的这种倾向在别人看来可能过于神经质。我认为事物最好的状

1　暗黑舞踏是日本舞蹈家土方巽（1928—1986）和大野一雄（1906—2010）于"二战"后开创的一种现代舞形式，它试图破坏西方主导的对于表演、动作和肢体的传统美学观点，追求肉体之上的心灵解放和自由。舞者通常全身赤裸并涂满白粉，表演中常包含呐喊、扭曲、匍匐、蟹足等元素。以暗黑舞踏为代表的日本舞踏艺术与皮娜·鲍什的舞蹈剧场及美国后现代舞蹈并列为当代三大新舞蹈流派。

2　太田省吾（1939—2007），日本小剧场编导中的代表人物。太田省吾的剧场美学沿袭了能剧和中国道家的传统，开创了被称为沉默剧的独特戏剧形式，代表作《小町风传》获得第22回岸田国士戏剧大奖。

态是无所作为，一切静止，不过这是不可能的。

因此，我店里的所有员工都能做到处变不惊。客人就坐在面前，不应对怎么行呢？我也是如此。冲完咖啡后，利用双手的空闲给客人找零钱，为客人端水，等等。不单单是正确地完成规定的工作，还要学会应对眼前的状况。这才是最高级的自动化。科学家们在研发机器人时会在这方面下功夫吧。如何做出当即的、瞬时的、自如的行动。来我店里工作的每一个人，最终都能做到这一点。

不过，要向店员解释工作节奏的"留白"方法，非常之难。我会对他们说"再稍等一会儿"。在动作与动作之间，若是存在恰到好处的留白，整个流程便会让人感到非常宁静。我不会和他们说得很直白。这种东西是慢慢浮现的。至于如何把握动作关系的精妙之处，我不会解释，行为的主体如果不去思考动作的前后关联是不行的。

现在，已经没有年轻人想来修行了。直到不久前，还有人愿意等待进店修行的机会，还有很多人会说："我会一直等着，如果有机会请务必通知我。"

大坊惠子的故事

在"大坊咖啡店"停业前的一个月，大坊惠子女士在店里安排自费出版书籍《大坊咖啡店》（1000 册限量版）的寄送工作。

柔和的阳光穿过窗户的缝隙照射进来，房间里弥漫着冬天的气息。陶瓷的片口杯透着淡淡的薄荷绿颜色；花器里，不加矫饰的狗尾草轻轻摇曳。就连平日随处可见的野草，在"大坊咖啡店"的空间里也变得姿色动人。现在是早晨，都市的喧嚣还未降临。惠子白皙的双手忙碌得不见停歇。

惠子和大坊先生一样，1947 年出生在日本岩手县。两人是高中同学，从那时便开始交往。高中毕业以后，惠子也经常去大坊家玩。

"我的岳母很喜欢读书。在那个年代，这样的女性很少。我和她非常合得来，也许因为我们对事物的感受很相似，总之我很喜欢她。我们聊天也十分投机，彼此像是忘年交一般。岳母是个很可爱的人。盛冈一到冬天，早晨房间的窗户上就会结霜。我们就在窗户上写字、画画。只要我去大坊家玩，窗户上就会留下我俩的手迹。"

1969 年，惠子和大坊二十二岁，两人在这一年结婚了。

那时大坊先生已经从银行辞职。结婚一年后，大坊把辞职的事情告诉了惠子的父母。

在开咖啡店的两年前，夫妻二人在栖身的公寓里饲养了文鸟。红色的喙，银灰色的身子，在肚子饿时会发出清脆悦耳的叫声，唧唧啾啾，实在可爱极了。每逢休息日，两人会把鸟儿从笼中放出来，让它在房间里自由飞翔。

以下是惠子和大坊两人追溯往事时的对话。

惠子：养文鸟的那段时间，正好是我们商量开一家自己的店的时候。有一天，我看见他（大坊）全神贯注地看着文鸟吃饲料的样子，看起来很享受。不知道为什么，我当即感觉很来气。你记得吧？

大坊：记得，记得太清楚了。当时我之所以一直盯着文鸟看，是因为没有其他事情可以做。当然，需要做的事情有很多，不过那时我不用工作，只能看看鸟打发时间。结果你生气地对我说："你在干吗？你不是要开店吗？现在是看鸟的时候吗？"

惠子：没错。刚开始的时候我们便决定：一个人的工资做生活费，另一个人的工资攒起来当开店储备金。可后来他待在家里，无所事事，每天和鸟玩。我呢，左想右想，心里越来越着急。

哈哈哈哈。

大坊先生说过"直到现在，我和惠子依然是这样的相处模式"。的确，从旁人的角度来看，惠子总是将自己的想法直截了当地告诉他。要知道，对方是大坊胜次，这个人对自己认定的事绝不会动摇。面对这样的对手，如果不能单刀直入地表达，那么根本无法与之较量。对于大坊来说，惠子是强大的存在，是越困难的时候越值得倚赖的伙伴。

"大坊咖啡店"在表参道街边二楼开业的那一年，两人二十七岁。开店的第一天很忙碌，几乎连吃午饭的时间都没有。惠子好不容易跑进隔壁的荞麦面馆吃了点东西，而大坊什么都没有吃。

"开业第三天时，有位出租车司机把车停在店门前的路边，走进来喝咖啡。他对我说，这么苦的咖啡最好不要做了，会没有客人来的。等这位客人离开之后，我把他的话告诉了这个人（大坊），结果他生气得不得了，说人家多管闲事。"惠子委屈地回忆道。

开店之初，惠子并没有打算在店里工作。

"既然丈夫在店里工作，我觉得夫妻俩都在的话不太好。"

刚开始的时候惠子很注意，尽量不让周围人看出两人是夫妻关系。除了每天打扫店内卫生，为了节约成本，店里隔断空间用的窗帘、围裙、法兰绒滤布等，也无一不是惠子手工缝制的。惠子全心全意地支持着一心扑在咖啡上的丈夫。

"孩子还小时，周末我会稍微去店里帮下忙，其余时间都在带孩子。等孩子上了小学，一到暑假，我会把他们带到店里来，让他们坐在吧台的里面。另外，店里每到年末的时候都会做大扫除。已经离店的员工们也会过来帮忙。这个时候我会让孩子们也参与打扫，哪怕只打磨一个椅子。那时候我年轻，没觉得辛苦。倒是金钱方面碰到了一些困难。"

顺便一提，财务的结算是在每月 10 号。

"快到 10 号那几天，他（大坊）吃着饭，就把手举在空中比画着，这个多少钱，那个多少钱……开始计算。有很长一段时间都是这样的。"

尽管如此，开咖啡店的日子总是充满了惊喜，时不时便会收获意想不到的喜悦。惠子最爱的，是看似娇弱却有着强韧生命力的野花。她小时候的一大乐趣，便是用山里摘的铃兰来插花。

"店刚开的时候，发生了这么一件事。有一位客人从新潟县的越后汤泽乘坐新干线来到东京。这位客人两手各拿了一大把芒草送到店里来。我当时开心极了。对方说自己赶时间，送来芒草就走了。我连名字都还没来得及问。"

来自陌生人的温暖化作一股清流，浸润着惠子的心，给予她力量。听她讲完，我的眼前仿佛看到惠子怜爱地将芒草插进大型花器里的样子。

咖啡店的经营开始步入正轨后，惠子从大坊先生那里掌握了法兰绒手冲咖啡的方法，开始在吧台里工作。那凛然的神态让人心神陶醉。在店内幽暗的光线里，惠子微微眯起双眼，神情专注地控制着细如丝线的水流缓缓注入法兰绒滤

　　　　　　　大坊惠子的故事

布，仿佛是冷硬派小说[1]里的场景。

"有位头一次来店里的客人，他坐在吧台前，努力想和我聊天。刚开始，我在吧台里做着咖啡，偶尔看一眼客人，嘴里做着回应。彼此的话逐渐越来越少。我心想，得救了。可是就这样结束对话有些草率。于是我告诉客人，非常抱歉，我做手冲的时候是不讲话的。怎料我一说出这句话，对方就走了。我以为客人在生我的气，可他之后又来了。而且我做咖啡的时候，他也不会再来搭话。他的理解让我感到特别欣慰。"

"客人专心地看着我做咖啡的样子，喝着做好的咖啡。在坐下来享受一杯咖啡的时间里，进店之前所遇到的不开心的事、沉重的事，都被融化消解，最终回归真实的自我。每每听到客人发出这样的感叹，我都特别高兴，深感咖啡店的功能就在于此。"

惠子女士和大坊先生率直地和对方谈论各自所见之物，听到的，感受到的，就像曾经学生时代那样。我问惠子："你们一定经常讨论吧？"惠子笑道："与其说是讨论，不如说更像争吵。"不过我知道她所言非实。

1　指以弱化主观判断，强调客观性和简洁性的文体风格为主的文学作品。在侦探小说领域，通常指 20 世纪 20 年代起源于美国的侦探小说风格。冷硬派侦探小说以冷酷又强硬的侦探角色为主角，不同于以往侦探小说着眼于思辨能力的展示，冷硬派侦探小说更多描写主角的行为，代表作家有达希尔·哈米特、雷蒙德·钱德勒。

2012 年，我陪同大坊夫妇前往北九州市立美术馆观看画家平野辽的展览，此次同行让我强烈地感受到两人之间的默契。经过一幅画的时候，两人的目光仿佛同时被它钉住似的，不约而同地驻足观赏。这是两人在长年的相互陪伴中生成的默契，以及彼此之间无言的关怀。

两人是有着各自不同视角的独立个体，用自己独有的感性凝视对象。在两人共同走过的人生中，惠子和大坊一直都尊重彼此看待事物的标准。

"在我看来，清楚地知道自己喜欢什么的人，不管是做咖啡还是做其他东西，都能做得很好。现在越来越多的人没有自己的想法，只是一味地接受别人的评价。可是每个人不都应该拥有只属于自己的内核吗？"

最后，根据我的乐观推测，大坊先生的咖啡人生还将继续下去。在关掉咖啡店之后，每逢收到邀请，他便携带着装好咖啡用具的纸袋子和包袱，前往全国各地制作法兰绒手冲咖啡。

惠子女士，今后也请您和大坊先生比肩为伴。只要看到两位站在一起，我就开心极了。

对谈 2

2013 年 11 月 25 日

东京

"大坊咖啡店" 关店前的一个月

大坊：我想在关店之前和大家好好地道别。店开得久了，自然有很多老客人，也有现在因为住得远，偶尔才来店里的客人。所以我希望能有时间提前将关店的决定告诉大家，向各位表示感谢和告别之意。现在网络的力量真是强大，关店之前突然来了很多新客人，非常忙。

虽然"咖啡豆每人限购 100g"这样的限制很不好意思，但是我不得不这样规定。我现在每天早上用手摇烘豆器烘 5 小时的豆子，即便是周六日也是如此。每天 5 小时，烘 8 轮，终于能有 6.4kg 的豆子。就算这样，店里的存货仍在减少。所以我必须一直不停地烘。

今天我想先聊聊平野辽先生，您看行吗？

森光：当然当然。

大坊：店最里面的墙上挂着平野辽先生的自画像。平野先生的太太照着顺序把画一幅一幅地借给我挂在店里。平野太太非常喜欢我店里的墙面。在东京没有地方能看到平野辽先生的画，她把这里称为"一幅画的展览"。

因为平野辽先生是九州的画家，在九州地区知道他的人比较多，北九州市立美术馆等机构也办过很多次他的个人展览。可是在东京，虽然偶尔在画廊里会看到他的一些作品，但公共机构并没有举办过展览。仅有一次，几家画廊在东京中央美术馆共同策划了平野先生的展览。

我强行让您读我做的和平野辽有关的书，实在不好意思。

森光：嗯。哈哈哈哈。

大坊：突然让您读它，确实难为您了。我邂逅平野辽先生作品的契机，那本书里也写了。有一位客人对我说，可以把自己的藏品借给我挂在店里的墙上。结果有好几次我从他那里借的都是平野辽先生的画。通过那位客人，我第一次注意到平野辽先生的画，我很好奇为什么这个人的作品看起来是这个样子的，于是对他产生了兴趣。之后，我开始走访其他有平野辽画作的画廊。这已经是很久以前的事了。1990年，东京中央美术馆举办平野辽画展。对我来说，这次展览是我与平野先生作品真正意义上的相遇。

有一点我想请教您，您认为在咖啡店里挂什么样的画好呢？这个问题对我来说很难，所以我一直在思考。我采取的方针是，在没有与合适的画相遇之前，店里什么也不挂。也没有摆花，什么都不放。

我之前不喜欢店里有花或者画。我不但没有绘画收藏，而且认为在房间里挂画这个想法本身就属于有钱人的特权。

我虽然不是很热衷于欣赏绘画，但仍然是喜欢的。我并不讨厌去自己喜欢的画家的展览看他们的作品，比如高更。

啊，我还有一件事要告诉您。

在我的咖啡店门口挂着的那幅小画名为《大坊咖啡店的午后》（1982 年），是牧野邦夫[1]先生的作品。我买牧野先生的画是在遇到平野先生的画之前。有一段时间，牧野先生的工作室在我的店附近，那时他也经常来店里。他坐在咖啡店的最里面，面前坐着模特。牧野先生随身带着一本很小的速写本，不让我们看见。听说他是在咖啡店里完成速写后，回到工作室进行再创作。

画作完成之后，牧野邦夫先生把画带到店里来给我看，并对我说，自己马上要把这幅画带到关西去展览。我刚才说过自己没有想收藏画的意愿，要是有的话，可能当即就叫他把画留下。但我只是对他说了一句"啊，这样啊"。

后来，大阪那家画廊的人来我的店里喝咖啡，对方向我提议："那幅画挂在这里更好吧。"我很犹豫，因为那个时候正好得换店里的空调，要花掉不少钱。

于是我咨询了画廊的朋友，自己也左思右想。考虑了差不多有一年的时间，才终于下定了决心。

如果要继续追溯我转变想法的原因，还有一个是我曾经思考过再开一家"大坊咖啡店"。我想做一家不只是喝咖啡，

1　牧野邦夫（1925—1986），出生于东京都涩谷区的日本画家。

还可以展示和售卖烧制器物的店。因为这个想法，我开始经常去美术馆和画廊，观赏陶瓷器和绘画。在这期间，有客人提出可以把个人藏品借给我展示。我把借来的画作挂在墙上，这时才领悟到店里的墙上果然有画比较好。

我每天看着平野辽先生的画，它看上去好像在动。可能因为我看画的眼睛在转动，每一次看画，画都在动。为什么会给人这样的感觉？第一次挂在店内的平野先生的画并不是什么特别的作品，是一幅叫作《楼梯的群像》的具象表现画作[1]。画中有几个人在下楼梯，有的人消失在尽头。人物都是女性。这幅画的构图看起来就像女性的一生：在楼梯上方的是年轻女性，走下楼梯的地方有位抱着孩子的女性，然后是年龄稍长的女性，即将消失在其身后的是上了年纪的女性。之前给您看的平野先生的钢笔画也是，那幅画能够感觉到线条的动感。在油彩画里这样的手法很常见，所以会让人产生画作中的某些部分在动的错觉。我感到十分有趣的地方是，平野先生的作品每一次看起来都不一样，每天都有着不同的感受。

我可以继续说下去吗？

---

1 在现象学（研究现象以求事物的本质）影响下诞生的绘画形式，可以追溯到 19 世纪末期，具象表现绘画追求客观世界的视觉真实性，力图再现创作对象的视觉体验，画面空间构造往往非常立体，代表画家如塞尚、安德烈·德朗（André Derain）、森·山方（Sam Szafran）等。

森光：嗯，当然可以。

大坊：平野先生虽然画了很多抽象的作品，也画了很多自画像。我这个人接触绘画的方式就如同刚才说的那样，因此按理来说，我看抽象画不会有什么感触。可是在平野先生的抽象作品面前，自己却看得入了迷，好像被磁石吸引住了似的。

东京中央美术馆的展览展出了很多尺寸在 100 号[1] 左右的画作，都是抽象风格的新作。面对这些绘画作品时，我感觉它们就是自己内心的自画像。

自己是指我自身。也许画家看到的是抽象的东西，只不过我擅自认为画的是我自己。我和绘画是以这样的方式相遇的。在那之后，我开始欣赏平野先生的作品。不过，我仍然不停地在思考一个问题：究竟什么样的画适合挂在咖啡店的墙上。

我不明白作品和自己内心产生共鸣具体是一种怎样的状态，但我绝不是人们常说的那种"看懂了画"。怎么说呢，我只能"注视自己"。也许这么说不准确，有一些"异样感"，又有一种说不上来是什么的感觉。

我观看平野先生画作的体验是一种"暴露"，也许这么说对于平野太太有些不敬。我之所以会有这样的感受，可能要追溯到高中时代。那时候我想成为像记者立花隆或者武野

1　这里的"号"指绘画作品尺寸长度的计量标示。不同的号数对应不同的长度。100 号 =163 厘米。

武治（参见 91—92 页）那样的人。我想要让隐藏的真实暴露出来，说夸张一点就是想要揭露社会的真相。但其实并不只存在这一种"暴露"，个体与个体之间的交往也会造成某种"暴露"……怎么说呢，就是"毫无保留地展示自己"。人和人要脱下心灵的铠甲，才能在交谈中理解彼此。人们全副武装地身处社会环境中做事，很多时候不得不说一些言不由衷的话，可为什么人和人非要如此交往呢？我对此一直抱有强烈的疑问。过去我就是这么较真的性格。

当然，看到报纸上的各类报道，我会思索为什么我们看不到事件真实的样貌。现如今，我已经没有当初那么执着了。我认为社会的构造也好，人的存在也好，并不是仅凭表面的关系就可以解释通的。不过我的这种性格成就了今天的我。说得粗俗一些，真实存在于人脱掉外衣后所显露出来的东西之中。如果我们能够脱下心灵的铠甲，彼此进行交谈，一定能够相互理解。我认为这很有可能。当然，实际也可能完全相反。

我希望大家来"大坊咖啡店"时，可以卸去自己心灵的铠甲。为此，我认为自己也不能穿着铠甲在店里工作。虽然我在这一点上不求做到极致，但我希望店的整体和店里的咖啡能够做到不带矫饰，呈现最真实的样子。

因为这是我仅会的东西。在店里，客人们面对我的素颜，感受真实的我。也许其中有人会觉得能够向我这个家伙暂时敞开心扉。我在看平野辽的绘画时，仿佛在看自己的自画像，这意味着我回到了最真实的自我。那些画仿佛是一首展现人性深邃之处的抒情诗，它引起了我内心的共鸣。

我在和客人交谈时，一定做过很多失礼的事，或者说是让客人吃惊的事情。不是说强行让客人袒露他们的内心这样的事。而是我在不经意间和客人四目相对时，总会不自觉地盯着对方一直看。而且我不光是盯着他们看，还会造成一种要看穿对方的氛围。当然，我不是对每个人都这样。当我好奇对方是怎样的人的时候，我的视线在那一瞬间便会滞留在对方身上。

　　当我盯着对方看的时候，对方也会看着我。我心想，如果我的目光是率真的，那么在某种程度上，我们双方不靠语言就能够相互了解。可能对方也会想：这个男的这副打扮，搞着咖啡，究竟是个什么样的家伙啊？

　　森光：请问您父亲在战争年代有过怎样的经历呢？

　　大坊：我没有听说过。

　　森光：您的父亲从没跟您提起过吗？

　　大坊：没有。

　　森光：经历过战争的人的创作方式很多样。比方说画家香月泰男[1]。看到香月泰男的作品时，我很受震撼。在平野辽的画作里我也感觉到了类似的东西。

　　大坊：确实是这样。

　　森光：我认为艺术家能够把看不见的东西用看得见的方

1　香月泰男（1911—1974），"二战"期间应征入伍，后被拘留在西伯利亚，其作品收藏在香月泰男的故乡山口县立美术馆和香月泰男美术馆等地。（原注）

式表现出来。平野先生的画作里展现的是他能看见的，他所看到的世界，尽管我们无法看见。不过，我的咖啡店不可能挂平野先生的画。哈哈哈哈。

大坊：嗯，这幅画不完全是一幅抽象作品，可以挂在墙上（翻着平野辽的画集）。

森光：不，不如说正好相反，如果在客人看到这幅画之后，不会产生想要卸去内心的铠甲的想法，您是不会挂的吧。

大坊：我完全没想过，自己来做一些什么，促使客人们卸下内心的防备。

森光：您没有吗？可是刚才您的话听起来像……

大坊：可能我刚才的表达方式让您误解了。我希望的是通过店内的装潢或者别的什么，让客人在这种氛围中放下戒备，脱下心灵的铠甲。可是如果说通过挂这幅画达到这样的目的……啊，可能也是一回事。

森光：是啊，画也是店内装饰的一部分啊。

大坊：确实可能是这样。我自己是因为平野辽的画回归赤诚。可是客人不一定如此。不过，我还是想挂这样的画。

（此时，大坊问坐在一旁的妻子——惠子女士）是这样吧？

惠子：也不全是那样的抽象画。比如，店里偶尔会挂一幅叫作《休憩的两人》的小品画作。这幅画的人物是一对不再年轻的男女，两人坐在像是楼梯那样的地方。男性看着女性的脸庞。这幅画构图很简单，但能让观者变得心情平静。还有一幅叫作《老婆婆》的画，画的是一位女性的侧脸。怎么说呢，画里的内容仿佛能一点一点地渗入观者的内心。并不全是他说的那种画。可能只是我这样认为，在店里看一幅画和在展览上欣赏一幅画，这两种情景下对画的感受方式是完全不一样的。

森光：嗯，是不一样。

惠子：即便是同一幅画，观者当时的心情会影响"观看"的行为。心情愉悦时和心情低落时，对同一幅画的感受是不一样的。因此，咖啡店的一个好处在于，当客人坐在店里喝着咖啡，稍作休憩，再看画的时候，能静下心来与它交流。

森光：嗯，您说得没错。

大坊：啊，（总结得）真好。

惠子：因为你一开始就把话题带到了最远的地方，所以才会让森光先生误解。这个话题为什么不先说呢？

大坊：实在不好意思。

森光：哈哈哈。不过，我们之所以聊这些，也因为它们跟大坊先生刚才说的咖啡或者店的风格有关。

大坊：我唯一一次见到平野先生本人，是在东京举办他个人展览的美术馆。在那之前，我都是独自前去看他的作品，按理说见面之后应该有很多问题想要请教他。可当他本人突然出现在我的眼前，我却不知道该如何开口，沉默地抽身而退了。后来没过多久，平野先生便去世了。我永远失去了和他交流的机会。这是我无论如何也不能挽回的事。

某次我和一位友人说起这件事的时候，对方告诉我，这种方式的告别未尝是一件坏事。我一下子释怀了，也许是这样。也许正是因为当时我没能开口，后来通过阅读平野先生留下的文章，通过和平野夫人清子女士的交谈，凭借着自己的想象力，我才能以一种全新的心境去欣赏平野先生的作品。也许在创作者看来其中存在很多错误，但对我来说，获得了很多的思考。如果在咖啡店的空间里，客人和绘画之间能够诞生这种意义上的交流，我会感到非常欣慰。

森光：大坊先生您的咖啡风格和店里挂着的平野辽作品，这两件事是一体两面的。我想，法兰绒手冲意味着回到原点，凝视我们的出发点。平野辽这位画家一定也是凝视着自己内在的原点，从而拿起画笔的。他的原点是刚才我问您的战争经历吧。虽然我不知道他究竟经历了什么。

我没有直接经历战争，都是从父母和身边的人那里听说的。我的姨婆移民去了夏威夷，在那里，人们被分为"优胜组"和"失败组"，也发生过移民与移民之间相互仇视的事情。还有原子弹在长崎上空爆炸……和我关系好的一位诗人叫铃木召平，那段战争经历成为他之后写作的源泉。香月泰男的创作原点也是他"二战"时被拘留的经历。

因此我才觉得这段经历至关重要。从手法上来看，平野辽和透纳有着相似的地方。透纳的灵感来源于古罗马时代的故事，自己熟识的人的死亡，等等。透纳的画我不是很喜欢，我更喜欢像是莫奈《日出·印象》那个时期的印象派及之后的现代主义作品。

我年轻的时候，为了追寻艺术这条路而来到东京，后来没有成功，转而去了设计专业学校。塞尚被称为是现代绘画之父，我非常喜欢他。学绘画的人，都是从学习塞尚开始的。塞尚在印象派画家中有自己的独特之处，他主张艺术与自然平行的思想。在日本也有类似的观点，评论家小林秀雄说过：个人的存在平行于历史，可世间的大部分人都将两者混淆。理解个人的存在非常重要，我想这对于大坊先生您也是一样。做着大家都在做的事，这没用。要找到不同于他人的，只属于自己的东西，并把它变成一生的工作，这才是最珍贵的事。

我再说一点行吗？

大坊：请您继续。

森光：逻辑学家库尔特·哥德尔 [1] 在对一致性的研究中，提出了完全性定理和不完全性定理。他曾经和爱因斯坦一同执教于美国普林斯顿高等研究院。逻辑学在过去被认为是一个不包含矛盾的世界，所有的命题都能通过逻辑推导被证明。哥德尔却认为并非如此。比如说"我是骗子"这个命题，有可以证明它的方法吗？没有吧。一旦涉及人，就可能出现矛盾的情况。我认为认识到这点对于我们做自己的工作是非常有意义的。就像每一片雪花的形状各不相同，如果每个人都做同一件事，那未免太奇怪了。因此，虽然不是全盘如此，但社会上的大多数人依然遵循着上班族式的思维，过着千篇一律的生活。不过，就算是上班族，如果一个人追求更丰富、更深层的东西，也会发现自己内在的不同之处。可

---

1 库尔特·哥德尔（Kurt Gödel，1906—1978），出生于奥匈帝国的数学家、逻辑学家。（原注）

是要证明这一点很难。每个人都拥有无法被证明的东西，如何将其呈现于表达，这很关键。对我这个人来说，做咖啡就是我的工作。

大坊：编辑听了我们之前的对谈后说："为什么两位在第一次对谈刚开始的时候，就能一下子进行如此热烈的探讨呢？通常来说，刚开始都是一个互相试探的过程。"编辑的反应反而让我觉得难以理解。我没觉得有什么好吃惊的。森光先生您也绝不是言不由衷的人。我想这大概和我们二人的性格有关吧。在平野先生那样的作品面前，是不会言不由衷的。也许我们正是在"卸掉内心的铠甲"吧。

森光：您和我是做咖啡的，免不了我们的交谈中有一些较量的成分。这条路您也走了几十年。尽管我俩不能说是"一丘之貉"，但您和我有着相似的经历，我想这一点是我们能畅怀交谈的大前提。这是我们怎么也无法隐藏的。

大坊：说到这里，从一开始我可能就放下了什么心灵的铠甲。大概我们就是以这样的姿态和各自的店一路经历过来的吧。

森光：那接下来聊一聊我店里的画？那是一位叫作熊谷守一的画家画的。我高中二年级时听说有位画家整天趴在地上看蚂蚁。不知怎么，当时给我留下了很深的印象。虽然那个时候的我完全不知道这有什么好的。

我的店"美美"的命名人秦先生告诉我，熊谷守一这个人的书法无人能出其右。我听后也不以为然。不过，这家店开业没多久时，我读到书法家前崎鼎之先生谈论熊谷守一所写"水仙"二字的文章，突然好像明白了什么，尽管其中的

缘由我无法解释清楚。熊谷守一不是为了书法而写，他的字像小孩子一样，下笔时心中没有丝毫的杂念。[1]

这个契机促使我重新认识熊谷先生的画作，此时，我的眼前出现了从未看见过的景象。熊谷守一有着超凡的洞察力和观察力。他仔细地观察蚂蚁，会忽然说出蚂蚁走路是最先迈出前身的第二条腿这样的话。诚然，有人并不认同。可能熊谷家院子里的蚂蚁是如他所说的吧。

熊谷先生有一幅叫《雨滴》的画作。NHK电视台在一次节目录制中曾用高速摄像机拍摄水滴，镜头捕捉到水滴落下后弹起来的一瞬间不是直立往上溅起，水滴的尖端会稍微向右弯曲，这正如熊谷先生画笔下的雨滴一样。熊谷先生用自己的眼睛，看透了事物本质的姿态。

他的其他作品，例如绝笔之作《凤尾蝶》，画的是凤尾蝶和橙色的剪秋罗花。我听认识的学者说，凤尾蝶天性不喜欢剪秋罗的花蜜，所以不会停在花瓣上，而是会从花上面飞过。《凤尾蝶》这幅画准确地捕捉到这个瞬间。熊谷先生在画中展现出的观察力和洞察力，让我叹为观止。

听说，熊谷先生不以画为谋生之道。比起大人，他更喜欢和孩子、昆虫、花草等自然之物相处。他不喜欢和人打交道，因为人越长大，越会说假话。

另外，熊谷先生在古典音乐方面有着非常高深的造诣。

1　照片是森光先生原创的说法"滴一滴"。书法出自前崎先生，木板上写着古兰经经文。（原注）

他一度放下画笔，花了一整年时间潜心计算声音的振幅。我把《凤尾蝶》这幅画和音乐、和咖啡的味道联系起来思考。整幅画面的构成，土黄色的背景好比是音乐中的通奏低音[1]，叶子的绿色好比是咖啡的甘味，橙色的花朵则是酸味，蝴蝶身躯发黑的紫蓝色像是苦味，构图中包含了哆咪嗦的和弦。如果参照歌德的色彩三原色理论，再来看这幅画运用的颜色会更好理解。

绘画由线条、形状和色彩构成。保罗·克利[2]好像说过，线条就像音乐中的节奏，而节奏中流露出生命的力量。画中强劲有力的线条不正是生命力的体现吗？

那形状指的是什么呢？熊谷先生的绘画看上去像是随意为之，可实际上是某种重复。再说颜色，一天内早中晚的时刻，颜色都会变化。熊谷先生的画，展现的正是某个瞬间的颜色。我猜想他在画画时暂且将颜色的部分搁置在一边，从形状和线条开始画。这也是一种重复。在我看来，熊谷先生虽然在作画，但似乎更像在描绘某种音乐。

就像您从平野先生的作品中所感受到的，我看熊谷先生

1　巴洛克音乐在乐谱中标明的供乐器伴奏用的低音部。伴奏者可以此低音为基础，即兴加上和音或装饰伴奏音。

2　保罗·克利（Paul Klee，1879—1940），瑞士裔德国籍画家，对色彩的变化有独特的鉴赏力，其画风被归为超现实主义、立体主义和表现主义。他和他的朋友——俄国画家康定斯基，都曾是包豪斯学校的名师。

的绘画从不会感到厌倦，他的画看起来像在动。我记得画家雪舟[1]曾经用泪水在地上画老鼠，他画的老鼠看起来好像在动，仿佛有了生命。

这些和烘焙、萃取是有关联的。在音乐中我们讲节奏、旋律、和谐，在绘画中我们讲线条、色彩和形状，烘焙和萃取也可以从这三个方面来理解。比如我自己冲洗照片时，胶片的感光度呈现出 S 形的特性曲线。这是黑白色阶最为丰富并且直观的曲线。这和我们过去用铁釜煮饭时讲的俗谚很像："刚开始用小火，中途开大火，听到锅里吱吱扑腾转微火，孩子再哭再闹也决不开锅。"

我在做烘焙和萃取时，不自觉地脑中会浮现出曲线的图像。我想，音乐、绘画、咖啡的烘焙都会用到眼睛、耳朵、舌头的感官，也许原理都相同。或者说，虽然我们的感官各自管辖的区域不同，但对事物的感知方式都是一个原理。所以音乐和味觉才会相通，颜色的视觉也许和舌头的感觉也是相通的吧。我现在是这样注视事物，注视咖啡的。

我想做出和熊谷守一的绘画一样的咖啡。烘焙和萃取，同绘画的三要素一样，是节奏、旋律、和谐三者的平衡，也是一种重复。

大坊：没错。尽管我没有把咖啡与绘画、音乐联系起来思考过。但是正如您所说的，也许我们的感觉在某些地方是

---

1 雪舟（1420—1506），日本室町时代的水墨画画家、画僧，曾赴中国习画，多幅作品被定为国宝。

相互连通的。不过，我在看别人的画的时候，只关心……有没有自己能与之共鸣的地方。

森光：嗯，物与事，事物与语言之间存在着某种关系。很多人非常认真地观察"物"，努力去探索"物"的奥妙。然而，"事"也是极其重要的。我指的是和"物"相对的"事"，两者兼备，才构成了"事物"。所以与每一位客人的相遇，都是一生中珍贵的经历。我们在待人接物，在自己的人生中应该有这样的认知。我甚至认为这一点更重要，虽然看不见。

之前我们交流的时候，您说过会去拜访造物之人，拜访做东西的匠人。我认为这就是一件"事"。您珍视的不只是"物"，还有"事"。可能您自己没有这个意识。

大坊：哈哈哈。

森光：现在做咖啡的人却只看到"物"。

大坊：完全没错。不论什么事情都应该扪心自问。

森光：对。

大坊：好比看到一幅画时，我们觉得很喜欢，要问自己：为什么喜欢？真的喜欢吗？我们应当这样做。不论做什么事情，都需要这样的思考。现在的年轻人中，关注"事"的人越来越少，会自问的人越来越少，说简单点就是思考的人越来越少。

仔细想想，不论是以前，还是现在，只要是人走的路，大家的路径都是相同的。只不过有的人思考得深，有的人思考得浅，每个人不尽相同。过去和现在其实都是一样的。

森光：可能吧，我想说的意思是咖啡店有这样的风潮。

当然，过去出现了很多优秀的人，现在也有很多优秀的人。只不过在咖啡界，一味追求"物"的倾向越来越严重。我自己不禁觉得没什么意思。

大坊：在思考现代的时候，有的人主要从物质发展的角度来理解现代社会。实际上，这样的人很多。

森光：如果对方不是每天做着重复性工作的人，是不会明白的。摄影师亨利·卡蒂埃 – 布列松[1]曾经说过，如果精神和身体、心灵和手不合为一体，是拍不出好照片的。做东西也是这样，身心合一才能做出真正好的东西。音乐演奏也是如此。不论合成器有多么流行，也无法超越双手弹出的声音。双手弹奏出的声音中的微小波动能够直抵人心。所以我很敬佩您对重复的坚持。

大坊：嗯，我只是在探索理想的味道。究竟理想的味道是怎样的，我心里也不是完全没有概念……每天我都会品测当天的豆子，这样一来就会找到需要改善的地方，比如某个部分应该减少一点。我会在接下来的时间里去想明天应该怎么做。我只不过每天都做着这样的探索而已。我没有朝着一个非常明确的方向前进，而是每天做品测，从中找到缺陷，然后试着去改善。仅此而已。

森光：画画也是一样的吧。

大坊：嗯，一样。

1　亨利·卡蒂埃 – 布列松（Henri Cartier-Bresson，1908—2004），法国摄影师。（原注）

森光：画画和舞蹈有着自身的节奏、旋律、和声，整个过程相对更直观。可是咖啡呢，它的呈现方式只有最后的那一杯咖啡。不过，不同的受众对它的感受是不一样的。即使是同一个对象，各人的感受也会有明显的不同。

从某种意义上来看，大坊先生您的店很有舞台装置的特性。店内的空间能够让置身其中的人体会到舒适的节奏、旋律、和声。客人在惬意中品尝咖啡。整个空间好像是精心布置的舞台。

您可能自己也没有意识到。不论是墙上挂平野辽的画，还是开店当初坚持不装饰画和花，这两件事在本质上是紧密相连的。也就是说，凡事要按照自己想的节奏来进行。

与之相反，我认为，如果用音乐来比喻的话，应该是大调而不是小调。不过，日本人，或者说东亚人确实更偏爱小调。在 J.S. 巴赫之前，可能我这么说有点奇怪，音乐是用来供奉神明的。在过去，音乐都是由伴奏和主旋律构成的单调音乐，比如民族音乐、声明[1]、圣歌等。随着时代的发展，又出现了复调音乐。

声音增加之后，就出现了不和谐音的问题，于是赋格[2]的创作技法相应地逐渐成熟。完全不同的多个曲调同时进

1　在日本，指佛教法会时僧人唱颂的声乐。

2　赋格是复音音乐的一种固定的创作形式。主要特点是相互模仿的声部以不同的音高，在不同的时间相继进入，按照对位法组织在一起。

行，多条相互独立的旋律同时发声并且彼此融合。进入巴洛克时期，巴赫成为这种创作方式的集大成者，创作出无数颠覆性的杰出音乐。其中我最喜欢并且反复听的是他的《无伴奏大提琴组曲》。

绘画也类似。在过去，绘画也是供奉神明之物。随着时代的变迁，它才逐渐演变成大众之物。总而言之，我希望咖啡也能够一直具备某种神性。贝多芬的《命运交响曲》从C小调开始，以C大调结束。注重表现情感的浪漫派音乐，以及之后出现的现代音乐都不是特别吸引我。我觉得贝多芬在早期写的钢琴曲非常优美。《第九交响曲》好是好……只不过我没有那么喜欢。

大坊： 原来如此。敬奉神明。也许这就是我和您之间很大的不同之处。我还是……更偏向凡人一些。

森光： 没错，正如您所说。不过也许我的想法之后还会变化。

大坊： 会变很正常。

森光： 但是现在的话，我怀着敬奉咖啡之神的心情。绘画的世界也是如此。作品是一个独立的世界，无关作者本人，在那里，画就是全部。

大坊： 我在看画时，一心希望远离画家个人因素的影响。可是平野辽的画让我想要接近这位画家的生平。

森光：我的店的商标是达摩不倒翁[1]的形象，它的寓意是在跌宕起伏中百折不挠、保持自我。达摩是禅之境地的本源。日本文化中有很大一部分受到禅宗世界观的影响。大坊先生，您知道德国哲学家奥根·赫立格尔（1884—1955）写的一本书《箭术与禅心》吗？

大坊：不知道。是怎样的一本书呢？

森光：赫立格尔在日本待了七年，他对日本文化很感兴趣，留日期间学习了弓道。教他的老师是一位弓道名师，在比赛中百发百中。可是这位老师认为比赛的表演性质与弓道的本质背道而驰。他越来越反感比赛，于是召集同道中人，教他们射箭。这本书写的是赫立格尔遇见这位老师并向他学习弓道的经历。

这位老师弓技超群，在黑暗中也能够瞄准靶心一发击中。某一次，老师特意向学生展示了他的这项本领。老师在黑暗中射出两支箭，一支正中靶心，第二支箭擦着第一支，和它并排着射入靶心。可是呢，老师不是因为心里想射中而射中，而是靶心在召唤箭的到来。"无心而射"这是禅的境地。还存在着这样一个世界。

大坊：我好像在哪本书上读过这个故事……

森光：是不是在书里读过不重要！我想说的是，要将我们眼观耳闻和深受感动的经历转换成自己的养分，融入咖啡

1　福岛县会津地区历史悠久的传统吉祥物和乡土玩具。

风味的制作中，进而朝着心里追求的"这个味道"靠近。我们都在做这件事。

大坊：是咖啡在呼唤我们向它靠近。

森光：您还记得在目前为止的咖啡人生中，感动过您的咖啡吗？我记得我心中的"这个味道"。感动我的"三杯咖啡"，它们各自的香气和味道依然留在我的记忆里。这三杯咖啡分别是"琥珀咖啡馆"的危地马拉法兰绒手冲，MOKA咖啡店店长的拼配，"琲珈里"咖啡店的乞力马扎罗——酸味很重。这些味道都是无法再现的，都是一期一会，只属于那个时刻。

大坊：那个时候喝的咖啡，那个时候的味道，的确会留存在记忆里。

森光：会的。

大坊：大概我们之所以想调整自己做的咖啡的味道，也和味觉记忆有关。不过，做调整绝不是为了接近记忆中的那个味道。

森光：嗯，它们是两码事。

大坊：而是自己真的想要做出某些改变。

森光：曾经呢，我经历过想要再现"这个味道"的时期，无论是"琥珀咖啡馆"的味道、MOKA的味道，还是"琲珈里"的味道。我曾去摸索如何做出它们那个味道。可不知从何时起，我意识到这是错误的。不如说，完全复刻是不可能的，去找寻这些味道所具备的看不见的品质更为重要。我们都知道，画家在修行的阶段会进行临摹练习。咖啡师也一样，在别处喝到好喝的咖啡，总是禁不住想向它靠拢。

大坊：是这样……

森光：不过大坊先生您的咖啡不会被模仿。因为像您那样坚持用手摇烘豆器的，没有几个人。

大坊：啊……可能有这方面的因素。最初我是在家用工具试着烘焙的。那个时候每回喝烘好的豆子时，会想着"得再改改"，"这次比之前好一些，但是还是得改"。从一开始就是反复调试的过程。诚然，我的舌头感受到的快感和舒适感，还有对曾经喝过的好咖啡的记忆，这些因素会影响我的判断。所以，我不会去想"要做成这样的味道"，而只是在品尝的时候想着"应该调整哪里"。

大概我对自己想要的东西，是有一个标准的。既然我在喝过后觉得应该调整，说明心里对咖啡的味道是有一个构想的。

要说去过的咖啡店，"琥珀""琲珈里"我都去过。"琲珈里"在我过去住的公寓附近，那个时候经常去。

森光：原来如此！

大坊：另外，在MOKA咖啡店和"大路咖啡店"，我知道了什么是好喝的咖啡。那个时候的体验直到现在依然在我的心里，告诉我要做出那样的咖啡……这些记忆影响着我，影响着我的咖啡。

森光：听说您有一本烘焙笔记，上面画着线，写着加法之类的，只有您本人才能看懂。

大坊：等回到店里我可以拿出来给您看，有点怪不好意思的。其实没有什么晦涩的内容，比如写着"柔和的甘甜""霞光""阳炎[1]般的浮游"，一些箭头，不是什么有意思的东西。虽然有的人在过去的经验基础上，对理想的咖啡风味有着明确的设想，但在朝着理想不断修正路径的过程中，靠的还是自己的感觉。大家都是一样的。

森光：没错。啊，但是余韵很重要。这一点我们在上一次的对谈中也有聊到。对我来说，能不能感受到其中的余韵，是极其关键的。不论是读一本书，还是看一幅画，作品中是否留有余韵，这太重要了。对咖啡来说也是。

在喝完一杯之后，或是喝完第一口之后，都能感受到余韵。作家小川洋子写过一本书叫《博士的爱情方程式》，我看过改编的同名电影。一片枯叶就算成了碎屑，每一块细小的碎屑也可以看作是一片树叶。一片树叶可以看作是一棵树。画家保罗·克利之所以创作出那样的画作，正因为他捕捉到了可被分离和不可被分离之物。

一杯咖啡也是如此，既有连续几口喝下去之后所感受到的风味，也有单独的一口或者一勺所具有的风味。但是我认为只喝一勺的话，无法真正知晓咖啡的味道。一杯饮尽，余韵悠长，这才是一杯咖啡的真正魅力所在。所以才会有喫茶店和咖啡店这样的地方。

大坊：我真的是什么也没想呢。我有时候做 50cc 的手

1　春天时晴天在沙滩或田野看到的暑景。因大气或地面受热而使上方的空气密度不均，阳光通过密度不均的空气产生不规则折射而出现的现象。

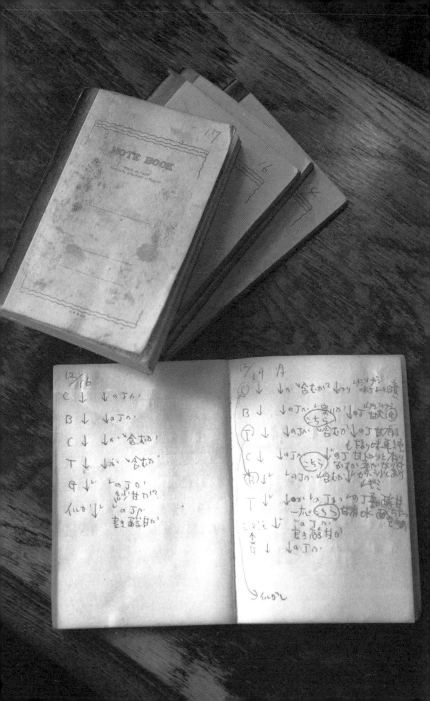

冲，和店员们分着品尝。喝一口大概有 20cc 的样子，放凉一会儿，再喝一口。就像这样。我认为在味觉上，每一个人都是平等的。我从没有在高处指导别人的想法。我和大家一起品尝咖啡，每个人都十分坦诚地将感受到的东西说出来。这样的共识非常重要。

对了，不知道这个说法是否合适。我和他们在讨论时，经常把咖啡的味道比作笑容。可能说笑容的话有失偏颇，难免招来不少批评。就说是风味的表情吧。举个例子，我们喝第一口的时候，脸上自然浮现出什么样的表情；喝第二口时，表情又会有些变化。我经常和他们聊到这个。

森光：嗯，喝下去时的表情的确会变。

大坊：所以我们要思考的是，如何将咖啡引起的表情变化塑造成令人满意的样子。今天的咖啡喝起来像是阴郁的笑容，所以要让这个笑容更阳光一点；或者是，今天的咖啡的笑容很明亮，可是只有明亮的话太单薄了，应该进一步追求带着少许忧郁的、沉静的笑容；再比如说，要找到像是恋爱中的女性一般温柔的微笑。我们会探讨很多很多方向。当然，我们没有一个明晰的标准。可能是嘴角稍微放松时的微妙表情，可能是咖啡含在口中时，像照镜子般反映在脸上的风味表情。虽然我的话听上去不明所以，但实际上我们都是在做这样的工作。

神奇的是，我每一次烘出来的豆子味道都不一样。我会和店员讨论每一批豆子的味道。我们会说，这一次咖啡的笑容稍稍有点阴郁，那么下一次最好再明亮一些。这很正常。如果做出的味道像是明亮的笑容，我就会告诉他们，这一次发挥得不错。每一次都不一样，每一次都是某种意义上的重复。

若是做出了如明亮宜人笑容般的风味，又会产生进一步的要求。光是明亮也没什么意思，如果想要拿掉一些"热闹"，令它变成恬静的笑容，又该怎么做呢？这样一来，碰巧又可以收获恬静的、令人满意的咖啡的笑容。这不是又成功了吗？第二天，哪怕是用同样的方法，也不会出现完全相同的结果。还有的时候会做出有点阴暗的、带着僵硬表情的咖啡，这时候便会感到修正的迫切性，甚至有时候还能从做出来的咖啡中感觉到一丝腹黑的性格。我相信在不断的尝试中，一定会出现足够有调性的味道。

森光：嗯，的确是有的。

大坊：也许经常出现这样的味道，也许难得一见。不是说想要就立刻会碰上的，不过偶尔还是会有的。毕竟是我们在追求的东西，所以也不好完全归因于偶然。这样的事情不是努力追求就能成功的，只能说是"碰巧做到了"。虽然我个人不喜欢用这个表达，但毕竟我们是在朝着它靠近。

森光：画家熊谷先生曾说过"拙者，亦画也"，哈哈哈。在绘画的创作道路上，有画得满意的时刻，也有不满意的时刻，这些只有创作者自己知道。

大坊：如果有人问我，是不是只想做同样的东西，虽然不尽如此，但如果这些豆子最后都是以"大坊拼配"的名义售卖，我依然希望它们能够有一个稳定的风味。哪怕我的拼配不是最好的。之前好像和您介绍过我们做拼配的方法，它也可以理解为稳定风味品质的一种方法。

有时豆子在经过烘焙之后，呈现出的不是爽朗的笑容，而带有一丝阴郁。那么下回可以将这一批豆子组合进别的拼配，大概这样调整。用这样的方法，大体上每次都能以一颗平常心，保持稳定的出品。

　　森光：我呢，风味调整做得比较频繁。经常被客人问是不是又改了配方。只要我觉得这样的拼配更接近带有深厚余韵的理想味道，就会做出改变，而不考虑客人喝过之后会说什么。对此我从不迟疑。

　　大坊：客人会怎样怎样，这样的想法我已经不再有了。我没有刻意想保持同样的风味，只是在追求自己感到满意的瞬间。当我的烘焙不自觉地朝着深烘路线一边倒的时候，我会下决心转向浅烘，心绪也逐渐偏向浅烘的方向。不过，有可能烘焙度一旦过某个点，整体就会变得过于浅烘。当出现了这样的趋势，我会有意识地再度做出调整。我这个人只会一点一点地调整。也不知道是什么原因，我的烘焙实践总是这样循环。

　　森光：我始终认为，咖啡豆是有记忆的。比如土地中的矿物质成分，虽然我们看不见，但是它是咖啡豆最重要的记忆。然后是土地，有了土，才有咖啡树，才会有咖啡豆的收成。每一粒的咖啡豆中一定蕴藏着这一段经历的记忆。烘焙的重复性工作，则是在生豆的记忆之上进行记忆的叠加。最后我们在饮用时，品尝的就是经历烘焙后的咖啡豆的这两段记忆。

　　您明白我想表达的意思吧。而我要做的事情，仅仅是努力将咖啡豆的记忆以最完整的状态转化为客人的体验。

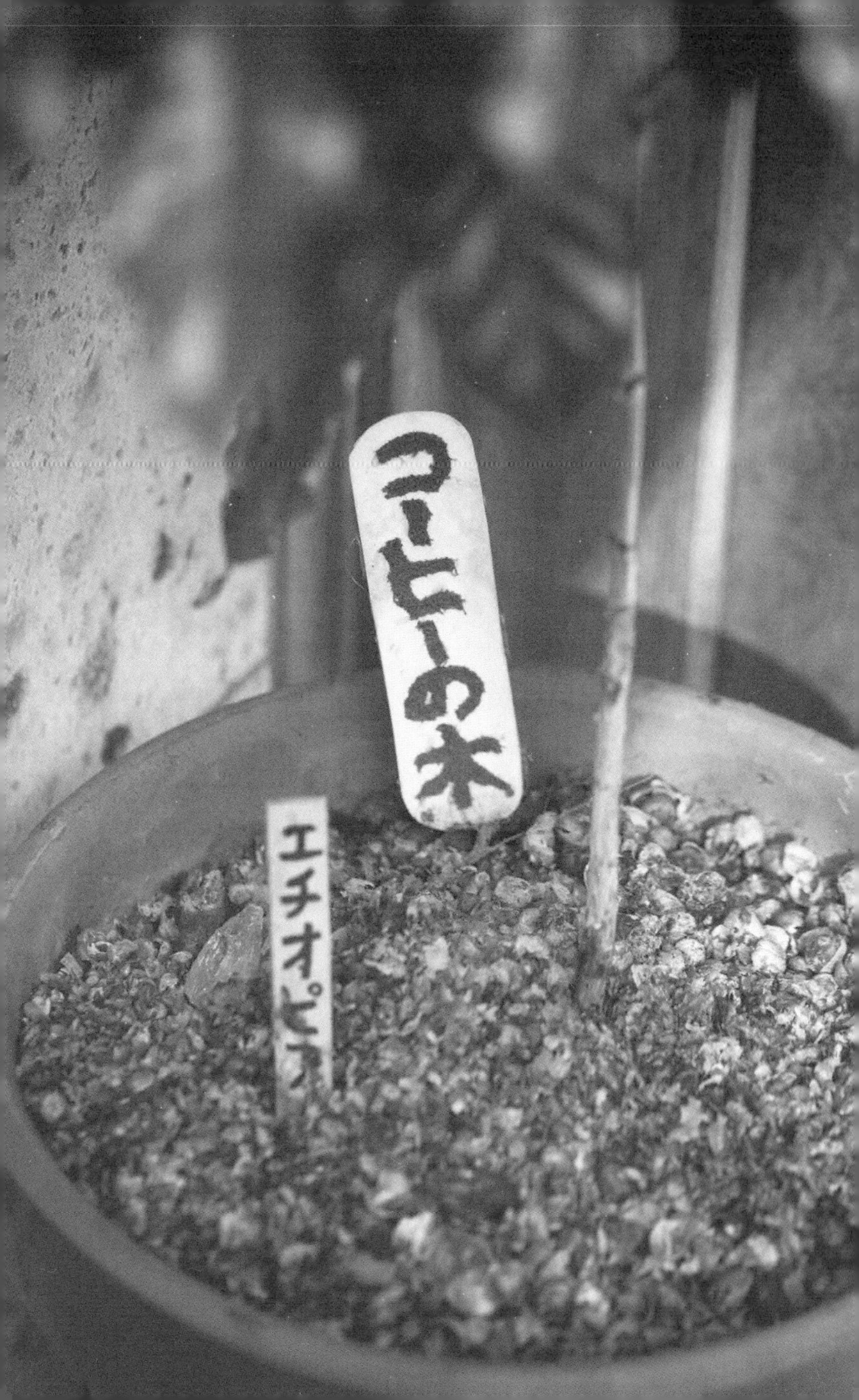

コーヒーの木
エチオピ

要说我对您有什么不满的地方，那就是您没有去过产地，去尝尝那里的土壤是什么味道。

大坊：您邀请过我很多次，去也门，去埃塞俄比亚。可我从来没应许过，实在是万分愧疚。

森光：您不用感到愧疚。因为对您来说，店更重要。这是您的风格。

大坊：从开店之初到现在，休店这件事简直难以想象……究竟为什么会有这样的想法呢。在开店之前，我下定决心不休店。刚开业的几年，正月过年和盂兰盆节店也照常营业。现在，这两个时段会休息三四天。可能因为一开始就下定了决心，所以成了这样子。我母亲去世时没有休店，父亲去世时也没有休店。办葬礼期间，我把店的事情交给了其他店员。尽管那段时间我要处理各种各样的事情，店还是照常开门。为什么会成这样呢？现在想想真是不可思议。

森光：嗯，可以理解。也有这样的生活方式。

大坊：哪怕一开始决定了休店的制度，可是对客人来说，如果来的时候碰上店关门也不好。等到店员可以独当一面时，我周六日就可以休息了。"不休"的准则不是我完全不休息，是店不休息。也不知道为什么我无法放弃这个原则。

森光：刚开始我也是您这样的做法，可后来变了。因为我的想法变了，我意识到如果我去体验新的事物，这对咖啡和客人来说都是一件好事。

大坊：嗯，一定有这样的可能。

森光：不过也会有遗憾。我之前跟您说过，我的出国旅游全都和咖啡有关系。哈哈哈哈，看画时，听音乐时，想的都是咖啡。只要是对做咖啡有用的东西，我就尝试着运用。比如在古典音乐的领域，如何处理音乐中的不和谐音，这个问题至关重要。巴赫在创作中出色地解决了这个问题，以此闻名世界。我们每天做咖啡的过程中一定也会出现咖啡的"不和谐音"。如何处理这些不和谐的要素，我认为这非常关键。

大坊：森光先生您所说的，"一个人做的很多事是互相关联的"，我认为有一定的道理。不过我自己完全不会这么去想。所以我在读美术、音乐相关的书籍时，只是单纯地享受阅读这件事。读书是我的乐事之一。至于从中领悟出真理，再将其运用在做咖啡这件事上，我从未感到这两件事之间有任何的关联。

正因为这样，在和您的交谈之中我感到，假如说真的有神明存在，那么所有的事情都在神明的理法之中。这是您的观点让我最意外的地方。在您看来，我自己的内心一定也在冥冥之中察觉到了事物之间的某种关联，可我从来没有过这样的想法。

* * * *

森光：我店里用的咖啡杯一直都是同一种。颜色尽可能选择纯白、蓝色或者青花。这三种颜色能够衬出咖啡的美。"大仓陶园"的东西比较多。

大坊：我选择用碗来盛店里的牛奶咖啡，一开始是因为

之前我的一位朋友从法国旅行回来，送给我那边装牛奶咖啡用的碗。我看到后就想，如果请日本的陶艺家做类似的碗，一定很有意思。于是我请了一位陶艺家来做。做出来的碗带底座，器形圆润柔和，施以粉引，日式风格中透出几分西洋气质。这款碗很受欢迎，有的客人看了之后想要，所以就稍微多做了一些。这款盛牛奶咖啡的碗有很多可以下功夫的地方，我觉得很有意思。自那时起，我会去看一些陶器的展览。其间看到了星正幸先生做的备前烧深碗、圆碗，都很适合做牛奶咖啡的容器。

我的客人看到之后说自己也想要。星先生这个人一年只烧一次窑。所以每到烧窑的时期我会请他做三四件东西。后来，星先生听说我是用它们来盛牛奶咖啡，于是他在最初的圆碗基础上，逐渐加入一些变化。

具体是什么时候我忘记了，星先生把这一款碗取名为"大坊垸"，只为我的店制作。像这样，有的时候和匠人交往的时间久了，彼此之间会产生特别的羁绊。不只是备前烧，我的店里还有白色、黑色、青花的容器。我会尽量收集一些器物，用在我觉得合适的地方。

这款碗，福冈那边我寄过五个左右吧。我听说京都的咖啡店里也在用。

森光：的确。很多人看到店里的东西后，自己也想拥有。我店里用来装糖的小罐子，是陶艺家山本源太先生做的，客人看到后也想要。但是怎么说呢……我希望不做咖啡的人也能很容易地买到这些咖啡器具。如果有人说想在家里用同样的器具，我希望能告诉他们，这是可以买到的。所以我也在店里售卖我们用的同款手冲壶，而法兰绒滤布则是我夫人亲手缝制的。这是我所希望的样子。

熊谷守一的画也是，真迹去美术馆看就够了。平野辽的画也是，虽然我不确定他的画在美术馆能不能看到，如果有私人美术馆的话，放在那里是最好不过的。我收藏的熊谷先生的绘画大多是丝网印刷的复制品。尽管这对于咖啡店来说也是一种挥霍，明明是一家咖啡店而已……钱都是从其他地方节省下来的。

遇到不错的桌子、椅子、长椅，就算家里快揭不开锅了，我也会为店里买下来。一楼里面的长椅是木工手艺人山口和宏先生做的。说来也奇怪，我总是能和自己觉得不错的物件相遇。二楼咖啡厅的椅子出自井上干太先生之手。他生前嗜酒，酒量很大，很早就去世了。他在世时对我很关照，店里的椅子是他用栗木做的，非常坚固耐用。最早秦先生给我写店名的木板也是栗木的，所以我想尽可能统一都用这种木材。不过后来发现不够用，于是把吧台改成了橡木材质。井上先生是黑田辰秋[1]先生的弟子。多亏了他，我的店才更有范儿了。

大坊：果然，会思考做咖啡的人，对一把椅子也有一样的追求呢。也许这是不言自明的。只要认真去思考的话，自

1　黑田辰秋（1904—1982），日本漆艺家、木工艺家，1970 年时，在木工艺术领域获得了重要无形文化财产保持者（人类国宝）认定。

然而然会有这样的追求吧。

我店里的吧台当时想用一整张厚的木板来做。如果这样做的话，通常要提早开始准备。好比说，去旧的民居看看有没有好的横梁，等到这些地方搬迁的时候拿过来用，或者是花时间去找。我当时因为没有准备的时间，只好拜托施工公司帮我找。如果找到了就拿来用，找不到就算了。

结果真的找到了一块大的木板。用它做了吧台和墙上的搁板。那种椅子是从神户的家具老店"永田良介商店"购买的。他们在百货商场的家具区也有店面。当时我找合适的椅子找了很久，结果在百货商场一眼看中了那种椅子。

森光：从您开店的时候起就一直用的是那些椅子吗？

大坊：是的。

森光：那用了有四十年？

大坊：嗯。有几把曾经寄回厂家调整过螺丝。总体来说四十年无伤。

我自己呢，比较喜欢这样的椅子。就是木板，没有铺一些坐垫啊、布啊这样的东西，只是硬邦邦的椅子。

森光：我还是喜欢北欧设计师汉斯·瓦格纳（1914—2007）设计的椅子。很厉害的设计。不是Y椅，是圈椅（The Chair），我家里的餐桌椅用的就是这款。汉斯·瓦格纳设计的椅子是与众不同的，用来放在咖啡店里也很合适。不过一把卖好几十万日元，以咖啡店的收益，没办法全部都用。可能的话，我多想店里的椅子都用他的作品。

随着年纪越来越大，很多东西感觉越来越沉。但汉斯·瓦格纳的椅子都很轻，并且几十年用下来，依然非常牢

固。真的太厉害了。(照片是"美美"的店内。)

大坊：我呢……自己去家具店边看边选，很多时候觉得这个差了点，那个没什么感觉。我选中的都是一看就觉得"啊！就是它了！"的东西。"永田良介商店"这个名字我之前也没有听说过。看来这和神明没什么关系。

森光：您说什么呢。

大坊：店内的装潢参考了某地一家法餐餐厅的店内设计。很多年前我在《朝日周刊》上看到了那家店的照片：屋顶的边缘处钉了一圈木板，灯具安装在木板里侧。用现在的话说就是间接照明。当时那家店的装潢让我明白了原来只加一圈木板就可以达到这样的效果，所以我在装修"大坊咖啡店"的时候也用了类似的设计。这个的确是我觉得好，从别处学来的东西。

不管怎么说，店不是家。所以在开店之初我便对妻子说，不要来店里。我这个人有些古怪，在一些地方莫名地拘泥小节，比如，我在咖啡店里放的书大多是冷硬风格的时代小说。

森光：讲究。

大坊：还有一开始"店里不插花"的原则之类。

森光：我当初学习咖啡的MOKA咖啡店，店长夫妻俩关系非常好。大概因为我看着他们的样子，所以在这方面和您的想法不同。MOKA的夫妻俩有孩子后，会抱着从托儿所回来的儿子，一家人去吃乌冬面。有意思的是，大家看到MOKA这个店名，明显会联想到摩卡咖啡。但是听店长标先生说，MOKA店名是从店的两位经营者——"mon"和

"kazuko"的名字而来。标先生的绰号就叫小 mon。

大坊：是这样啊！

森光：没想到吧。"大坊咖啡店"的设计是怎么做的呢？

大坊：设计是我做的，可以说是我的原创。我不会画图纸，所以拜托了一位做纸品设计的朋友帮忙。对方之前做过建筑设计，主动跟我说愿意帮忙画图，所以我就交给他了。我每天往他的工作室跑，我们频繁地交流"这里怎么做""怎么做好呢"，竭尽所能地想着设计方案。

森光：大坊先生您店里的动线[1]设计和我之前的店很像，和 MOKA 的设计也有相似的地方。空间设计不能不从人的实际体验出发。经常有人在设计新店时，不了解该用多高的椅子，该装多高的吧台，其实是有一个最佳规格的。也正因为在咖啡店工作过，我才会知道这些东西。如果完全以素人的想法来经营一家店，很难明白这方面的讲究。有可能在设计厨房空间的时候，把烧水壶放到了反手的位置。相反，在店里工作的过程中，这些细节都会具体表现出来。每家店里放东西和站人的位置都有所差别。大多数人会在吧台上放很多东西。我的店里则是能不放就不放，所以在设计的时候也是这么安排的。您的店在最开始做空间设计时，也有考虑到手摇烘焙的工作吧。

大坊：我店内的设计和我之前工作的"大路咖啡店"很

1　建筑与室内设计的用语，指人在室内室外移动的路径。

像，和神户的"茜屋咖啡店"[1]的内部构造也很像。

森光："茜屋"的店里，咖啡杯是挂起来的⋯⋯

大坊：我的店里不挂咖啡杯。

森光：我记得它店内是黑色的木质色调。

大坊：没错。店里有吧台，吧台上面是搁板，我觉得这样很好，所以设计"大坊咖啡店"的时候参考了它的样子。另外，操作台上除了烧水壶以外什么都不放，这点是参照"琥珀咖啡馆"做的。因为我觉得这样看起来最简洁舒服。这些设计我参考了很多家店。外面装的灯也是。"茜屋咖啡店"最早用的是煤气灯，我当时也很想用。

森光：我完全明白。

大坊：我特别喜欢煤气灯发出来的光，所以当初也想用煤气灯。到底为什么我后来没用呢？和开店前太忙了也有关系，还有预算的问题。也许是我没能迈出坚定的一步去实现自己的爱好。

等店开了，有了资金，我却完全提不起劲来去做。一切还是当初开店时那个样子。可能我也觉得差不多就行了吧。

森光：咖啡店里的空间、椅子、吧台、装饰的画、流淌的音乐、摆放的器具，所有的一切都可以看作是盛装咖啡的容器。对了，我的店每到年末年初的时候都会挂一幅画轴。写着"福"字，取自中国泰山上雕刻的金刚般若经文的

---

1 1966年在神户三宫区开业的咖啡店。（原注）

拓本。要问我为什么觉得这幅字好，我说不上来，就是觉得好。这是留在我心中的，让我深受感动的事物之一。有的东西随着时间的流逝而逐渐褪色，由此留下的美好更能打动人心。

有的客人会说还是更喜欢之前在今泉的店。现在的店面，我在五六年前就瞄上了，特意叮嘱人家如果空出来了一定要通知我。有一个原因是为了安置 MOKA 店长的遗物。我原本计划重新装修之前的店，结果碰上现在的店空出来了。真的非常巧。

大坊：吧台还是原样吗？

森光：吧台五个座位，和之前的店一样。不过在之前的店，吧台最开始也只能坐三四个人。大坊先生您的店里呢？

大坊：我那儿吧台前放了十一把椅子。

森光：我后来慢慢加了几个座位，因为希望客人能够看见手冲的过程，边看边学。除此之外，为了让客人自己在家也能做出美味的咖啡，我想需要开放式的店内空间。

我之前也说过，为了帮助客人在家做出美味的咖啡，我甚至想去他们的家里提供指导。当然，这在现实里是做不到的，那么我希望大家能边看边学。

大坊：我的所有工作都是看得见的。豆子也是在客人眼前烘焙。简言之，我的态度就是"我的店里没有所谓的商业机密"。

森光：说得太对了！

大坊：我想让客人感觉到"不论是谁，只要想做就能做到"。实际上就是这个道理。想要坚持下来，就能坚持下来。

我一直认为我在做的事换作任何人都可以做，（客人）您也可以做。因此，我觉得"大坊咖啡店"可以是一种姿态，一种主张，告诉别人还有这样的一种方式。

森光： 当然在有的店里，这些过程客人是看不见的。比如在MOKA，烘焙室连店员都不能进入。不过后来店员好像可以进去了。我在MOKA工作时，烘豆机放在椭圆形的吧台里面，机器前面挡着屏风。店员们默认烘焙过程不许观看，也绝不能让客人瞧见。不过的确，就算看也没什么好看的。

大坊： 是的。在我的店里，店员们会一直在旁边看着我烘豆子，这样他们可以知道我是怎么做的。不过到最后，都是根据每个人的经验来操作。

有一点我倒是可以说说，那就是我认为大家一起做品测是非常好的经验。因为当自己第一次烘豆子然后检测品质的时候，就算是模仿我的做法，也只有知道豆子的味道才能想出怎么去改进它。

对于第一次做品测的人，我们会辅助他去表达自己的意见，问他喝到的味道。这就是之前我说的咖啡的表情，再具象一点就是喝下去能想到什么年龄段的女性。

森光： 哈哈哈哈，形容成女性，这不简单啊。

大坊： 不是。我并不是说要给出正确答案。可能这话我之前说过，味觉上人人平等。每个人在经历上肯定存在着差别。不过我们彼此都毫无保留地在品测会上交流各自所感受到的东西，很直率。我们不是通过这样的形容让咖啡的评分变高，而是通过真诚的交流使彼此之间达到一个共同的认识。这也许是大家在一起工作的过程中所收获的最宝贵的经验。当店员逐渐习惯这种交流方式，他的描述也会变得更为细致复杂。

森光：是呢。每个人在表达上也许有长有短，可味觉是人人都有的。不过，在冲咖啡这件事上，有的人需要花一些时日才能达到稳定的风味出品。

说到这点，我听说 MOKA 店长的师父襟立博保先生在仓敷的"仓敷咖啡馆"担任顾问期间，曾以对方是否"笨拙"为标准来挑选学徒。

灵巧固然是件好事，但也有反作用。笨拙的人要学会一件事情虽然要花很长的时间，可是没准能成大器。这些不外乎是假设。事成与否，我想还是要看一个人是否真有决心。

像我，最开始一心想走艺术的道路，可是事与愿违，做起了咖啡。所以也有命运的安排。

不过人呢，总归是只能做成一件事。年轻的时候想画画、想插花，还想做设计，终究，留在我人生里的只有咖啡啊。

咖啡器具二三事

小坂章子

如果说一杯咖啡是主角，那咖啡店里的器具，哪怕再小也仿佛是让一出戏锦上添花的配角。大坊先生说过"在选择每一件器具的时候，我会先想象它们用在哪里，怎么用"。森光先生则从日本的饮食文化和自然风土的角度出发，偏爱用木头、泥土等自然材质制成的物件。尽管视角不尽相同，店里的器物都是二位凭着自己纯粹的感受甄选而来。在岁月的沉淀中，它们将主人的为人品行娓娓道来。

烘豆机（器）

　　两个都是富士珈机公司（FUJI ROYAL 品牌）的产品，热源为瓦斯。"大坊"的手摇烘豆器是向寺本一彦先生定制的 1kg 容量款。寺本一彦先生曾经就职于富士珈机的前身公司，位于东京目黑区的富士咖啡机器制造所。"美美"的烘豆机是 MOKA 咖啡店传下来的，在原机的基础上对瓦斯计时器进行了改装，规格是半直火半热风式，容量为 5kg。烘豆机（器）的选择直接关系到咖啡的风味。

（下文图片顺序："大坊咖啡店"在前，
"咖啡美美"在后。）

竹篓

两家店的用法不同。"大坊"店里用竹篓来冷却烘焙的豆子，分别有深、浅、片口三种样式。从合羽桥道具街、日本民艺馆等地购入。用的时间长了，竹篓表面变得黑亮，漂亮极了。大坊先生把它们挂在店里的墙上，让客人可以看到。"美美"用竹篓来装洗过的豆子，让它们静置熟化。有来自竹编工艺很出名的别府市的竹篓，还有来自菲律宾等外国产地的。

磨豆机

　　"大坊"用的是先将咖啡豆碾轧后再进行研磨的碾碎式磨豆机 FUJI ROYAL R-440。玻璃材质的料斗和铝质料斗盖经过岁月的洗礼后，俨然散发出古董用品的气度。"美美"用的是把咖啡豆切碎研磨的瑞士产切碎式磨豆机 "ditting"。这款机器是从 MOKA 咖啡店继承的。森光先生把机器整体进行拆解检查之后，再重新组装起来使用。

　　　　　　　　　　　　　　　咖啡器具二三事

咖啡豆的容器

"大坊"装咖啡豆的瓶子配有红色的瓶盖，既在店内使用，也售卖，分别有130g、250g两种规格。之所以选择红色的瓶盖是因为红色很配咖啡色调的店内空间。"美美"则用京都开化堂的茶罐来装咖啡。开化堂是"美美"的命名者——秦秀雄先生介绍的。

手冲壶

　　两家店用的都是新潟县燕市的yukiwa牌产品（五人用量，不锈钢材质）。"大坊"店里用的手冲壶，壶嘴是用石头敲打重新整形的，因此在注水时可以实现水流如细线。壶嘴若是积有水垢，用小刀刮掉即可。"美美"的手冲壶，壶嘴则用木槌敲扁。从壶嘴的根部到前端呈现出自然的收紧形状，因此可以通过手的细微动作来调整水流量。

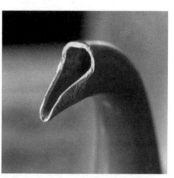

　　　　　　　　　咖啡器具二三事

冰块的容器

"大坊"装冰块的容器是不锈钢材质，从开店之初一直沿用至今。冰桶放在吧台的里侧，不占地方。坚固耐用，选择了冰块不容易化的形状。"美美"用的"司制樽先生的饭桶"（德岛制）是在旁边的店铺"工艺风向"里相中后特别定制的。森光先生心怀对稻米文化的敬意，偏好木制品。木质的饭桶正好和装咖啡豆的茶罐搭配。

咖啡器具二三事

烧水壶

"大坊"的自鸣式烧水壶，为了不让壶在烧水后发出声音，特意用金属丝把壶嘴固定住。因为没有盖子，所以水的温度下降慢，开敞的注水口可以将热水一口气倒出。"美美"店里有三个柳宗理设计的不锈钢烧水壶，用来烧水。这款壶曾经获得了日本优良设计奖[1]。壶底的面积很宽，所以烧水很快，壶把手的形状让人拿起来很舒服。

1　优良设计奖（Good Design），由日本设计振兴会自1957年开始举办，主要针对工业设计产品进行一年一次的公开征选与评论，最后选出"优良设计"并颁发奖章。

咖啡器具二三事

砂糖罐

"大坊"的砂糖罐，为了呈现出材质本身在岁月中产生的变化，特意让店员不要把表面打磨光滑。"美美"的达摩形砂糖罐是居住在福冈县八女市星野村的陶艺家山本源太先生的原创设计。山本先生花了五年的时间制作完成。店长森光先生亲自动身前去烧窑。达摩形砂糖罐是能代表"美美"的一件器具。

咖啡器具二三事

牛奶壶

"大坊"使用的是纯色黄铜制品。随着使用年份变长，壶身散发出柔和的光泽，越发有韵味，因而故意不做打磨。"美美"的牛奶壶是熊本县小代烧的陶艺家井上尚之先生做的泥釉陶器，在"工艺风向"店铺购入。牛奶从让人感到温暖的陶壶中倒出，分装在不锈钢的小罐子里。壶的大小合适，壶嘴断水干净利落。

出售的咖啡豆

"大坊"店内出售的咖啡豆，大部分装在印有店名标志的尼龙制袋子里。袋子有一定厚度，很结实。还有客人把用完的袋子洗过后当笔袋。"美美"用的是贴着自家标志的塑料袋。"美美"的标志是用店里的打印机打印出来的。如果有客人提出要求的话，还会附上写有法兰绒手冲咖啡教程的书签，咖啡豆和书签一起装入不透光的纸袋。

咖啡器具二三事

托盘

"大坊"用的是涂漆的民间工艺品。托盘正中有一朵花的浮雕,大小可以放下两个杯子,但就算只端一杯,也用这个托盘盛放。"美美"的托盘是居住在福冈县浮羽市的陶艺家山口和宏先生做的,涂以木蜡油。东西坚固耐用,尺寸很大,用在收拾的时候非常方便。在为客人端咖啡的时候,用的是小一点的托盘。

森光充子的故事

"店长（森光宗男）决定好的事情，就一定会做到。我只是一直在他的身边而已。"

支持着"夜以继日，唯有咖啡"的森光宗男的，是他的妻子森光充子女士。充子照看和操持着店里的事务，保证咖啡店的日常经营一切顺利。

1952 年，她出生在长崎县谏早市，父母都是老师。充子在高中毕业后考进了一所音乐大学。1977 年初夏，她在一次相亲中认识了比自己年长五岁的森光先生。当时森光先生因为想自己在家乡开店而回到了福冈。两人一见即定下终身，在半年后的 11 月 27 日举办了婚礼，紧接着是蜜月旅行。12 月 8 日，"咖啡美美"在福冈市中央区今泉开业。整个行程安排满得让人喘不过气。原以为此番"作战计划"会让当时二十五岁的充子无暇思考……

"第一次见到他，他跟我说起一些咖啡的东西。给我的第一印象是，这个人很认真。而且我的父母对他也很满意。"

充子不怎么健谈，不加娇饰的朴实性格和丈夫很像。两人之间一定有某些相通的地方。

两人结婚后没多久，发生过这样的插曲：充子因为自己做饭不好而有些忐忑。森光先生对她说："别担心，我有做饭的书。"几天之后，当森光先生拿出北大路鲁山人写的专业烹饪书时，这位新手妻子吃惊得差点晕过去。顺便一提，两人蜜月旅行的目的地是夏威夷的咖啡农园。之后的四十余年，两人的旅行也都和咖啡有关。

"咖啡美美"在开店当初仿照丈夫之前工作的MOKA咖啡店，店内流淌着电台广播的声音。当时最流行的是美式咖啡。要在福冈推广从东京学到的深烘咖啡，绝不是一件易事。

"最困难的大概就是那段时期……一直都在亏本。可是我们心里的某个地方始终坚信，之后会有客人来的。他对此抱着坚定的信念，所以我也相信自己可以陪他走下去。不过刚开始的时候豆子烘得不好，经常要全部倒掉。"

充子将孩子带大之后，在"美美"开业的第五个年头正式回到店里参与经营。她一手接过"不可见"的后台工作。每个季节的插花，做手工滤布，财务工作，在性格固执又沉默寡言的丈夫和客人之间充当沟通的调剂，等等。大约在"美美"第十五年时，森光先生让充子做起了店里的法兰绒手冲咖啡。具体出于什么契机，充子说"不太记得了"。不拘小节，这也是充子的性格。

"开店当初，店里卖过煎茶、香蕉果汁、蛋糕、海苔吐司……两个人总在一起研究每样单品怎么做才会好吃。"

随着熟客越来越多，咖啡的营业额逐渐上涨，这时候以上单品又一件一件地被从菜单上拿掉。对于不需要的东西毫

不犹豫地放手，包括烘焙和萃取工序也是如此，这是森光先生的美学。

对于店里日常使用的器具，两人则毫不吝惜投资。

"店里的桌子、椅子、绘画都是我们勒紧裤腰带买来的。现在不同的季节店里会摆放适合这个季节的器物。我们店很注重这些。"

也许是夫妻生活让二人在兴趣嗜好上越来越相似的缘故，两人出门也总往古董店跑。充子透露丈夫曾经从某段时期开始沉迷于网购。店里一段时间接连不断地收到咖啡杯、罗马玻璃的小瓶子、小型活版印刷机等。妻子非但不生气，还开心地说："除非他买了古怪的画，我会说两句。店长他除了淘古董之外没有什么别的爱好，也不在其他事情上花钱。我觉得挺好的，就随他去了。我的山葡萄藤编织篮还是他在网上给我买的呢。"

能遇见大度洒脱的充子，在她的支持下尽情钻研和享受咖啡，森光先生真是个幸运儿。

森光夫妇之间还有一个共同点，那就是"比起不行动而后悔，不如什么都大胆试一试"这句话所体现出的挑战精神。两人前往和危险比邻的也门，去埃塞俄比亚、菲律宾等地做产地访问，在极度寒冷的天气中喝遍巴黎的咖啡店，他俩的行动力令人瞠目结舌。暂且不论森光先生的感受，充子不会感到疲惫和不安吗？

"嗯，是呢。我们觉得旅行和烘焙相互关联是理所当然的。再加上我在任何地方都可以顺着他。"

真是有其夫必有其妻。

"十字路口边的那家奶酪蛋糕店，您去了吗？很好吃。"充子对街道的新店消息很灵通。要比腿上功夫，森光先生可不是她的对手。森光先生不擅长开车，而充子呢，大车也能熟练驾驶，开去很远的地方也毫无怨言。遇到问题时，她总能想出令人拍案叫绝的办法，带来新的转机。想必森光先生曾经有不少时候多亏充子才能解围。

　　怎想到离别突然袭来。2016年12月，和平常一样，夫妻二人前往韩国参加法兰绒手冲咖啡的研讨会。在研讨会圆满结束后的第二天早晨，森光先生计划先一步回日本，回国后径直去店里。充子和女儿在机场的安检处送别森光先生。就在那之后，他在临近登机前倒下了，离开了人世。当时他的怀里还抱着在韩国收到的赠礼——一件古董手摇烘豆器。

　　在"美美"开店纪念日的前一天，森光先生三十九年整的咖啡人生落下了帷幕。

　　充子回国后，不顾周围人的担心，一个人坚守在烘豆机前。很快，收银台下面的橱柜里再次装满闪闪发亮的咖啡豆。充子回忆，办完葬礼后不久，看到"美美"的灯牌在冬日阴沉的天空下点亮，她感到欣喜、感激，还有悲伤，各种情感堵在胸口。

　　充子是2012年开始做咖啡豆烘焙的，如今已有五年的经验。最初是因为充子担心森光先生的身体，于是做起了简单的辅助工作。渐渐地，森光先生让充子负责起店里一部分的烘焙任务。然而，森光先生主张"咖啡豆的烘焙无法教授"，他只教了充子一人烘焙咖啡豆的方法。

　　"我想他是为了让店继续下去而教我的。因为一旦什么时候他不能烘豆子了，就只剩下我来延续。"

尽管如此，在店长去世之后，妻子继承店里的咖啡豆烘焙，这样的例子在全国都非常少见。就算有类似的想法，大多数的店都无法实现完全的技术传承。也许森光先生早已预见到这样的事。他不断培养充子的烘豆技术，让她的身体自然地记住烘焙的操作动作，而不是单纯地传授知识，以备万一发生什么状况。多亏森光先生的未雨绸缪，"美美"的客人们在他离世之后才不会迷失在街头。

和森光先生一心同体的充子所烘焙的豆子得到了很高的评价。连大坊先生都打包票称"充子女士的深烘豆是我喜欢的味道"。森光先生也夸赞过充子的豆子"比我烘的好喝"。

"没有那回事。店长是为了鼓励我才那么说的。而且因为他教的是我能力范围之内的简单烘焙方法，所以我才能完成。现在也不过是依葫芦画瓢。不过了为实现他为我定下的目标，中间的过程很是艰难。"

曾经有一次，充子和坐在吧台边的熟客们就"森光先生喜欢质数"这个话题聊得火热。充子说"就连烘焙的时候质数都非常重要，真是不可思议"，森光先生听到后一下子愣住了。等到充子询问其缘由，他温柔地笑着说"这是秘密"。"美美"的烘焙工艺中确实藏着数不尽的秘密。

"店长去世后，我以为客人们不会再来了。有时候我会想，我真的可以吗？"充子谦虚地说道。当然，事实绝非如此。正是因为有充子这位最完美的同路人，森光先生才能够用尽全力，从头至尾地跑完咖啡师的人生之路。

"就算是现在，有时我在做手冲和烘焙的时候，依然会忽而想起店长。也不是什么特别的回忆。我想可能他正在某个地方看着我吧。"

充子站在吧台里，在她身后，身着蓝色工作制服的森光先生的笑颜挂在墙上。森光先生遇见了充子这位美好的人生伴侣，他的一生很幸福。

"店长喜欢的话，就尽管去做吧。"

这是咖啡师的妻子——充子的口头禅。

对谈 3

2014 年 1 月 27 日

在"咖啡美美"的一天

关店后，大坊胜次拜访森光宗男

森光：关店后您一定很忙吧。看到您身体无恙，实在是太好了。

大坊：往常在周六日我一般是不做烘焙的。不过大概从去年 11 月开始，即便是周六周日，每天从上午 7 点到中午 12 点我也都在烘豆子。因为咖啡豆不够用。[1]

森光：您出版了《大坊咖啡店》[2] 这本书吧？听说已经售罄，太厉害了。是什么时候决定出书的呢？

1　在临近关店的一段时间，每人限购 100g 咖啡豆，可是数量仍然不够，后又不得不改为每天限量售卖 20 袋。（原注）

2　限量 1000 册的自出版书籍，发售后立即脱销，之后，同样的内容由诚文堂新光社再次出版。（原注）

大坊：关店那年（2013 年）的 8 月份左右。1000 册已经是很大的量了。店里没有地方放，都堆在楼梯的平台上。

森光：一般的话，是放在出版社那边一点点地卖。

大坊：因为这次是自费出版，所以没有可以存放的出版社。

森光：待会儿我买的这本想请您签个名。哈哈哈，要不现在签怎么样？

大坊：……

关店之后，吧台和墙板之类的用具全部都搬回家了。不过现在还没整理完。比如，有一位客人很喜欢写诗，送了我很多刊登在同人志上的诗，差不多可以编纂成一小册诗集。像整理这样的东西，我都是从头开始仔细阅读。还有因为在出版前发生了诉讼纠纷，未能成书的一整本量的杂志连载小说稿。其他还有很多。当然，这些我在收到的时候已经读过了，这次在整理的时候又重新读了一遍……诸如此类。

森光：整理客人送的东西，很难吧。

大坊：嗯，因为是客人特意赠送的，所以我想好好对待。如果客人邀请我去他们的展览，我尽可能都去。我还有很多和他们展览相关的剪报和笔记。所以要好好整理这些东西，需要花费很多的时间和精力。然而我希望能够给自己留出充分的时间。

最近我开始跑步和游泳。不过我对在早上的上班时间出去跑步这件事还是不太适应。我锻炼身体是出于想要在自己有体力的时候继续做咖啡。本来今后正好是检验我锻炼成果的时候，现在却不得不把店关了。不过我决定换一个角度去想，我的身体之所以能承受住关店前后的忙碌，不正因为一直以来的锻炼吗？

森光：关店之后，您的心情有什么变化吗？

大坊：我现在不用每天早上 6 点前起床去做烘焙。可是对于我来说，没有了这样严苛的日常，与其说感到轻松，不如说更多是空虚。老实说，我现在的心理状态是混沌的。不过，关店之后，我才发现与其说以前我在做咖啡，还不如说我在开咖啡店。

森光：现在店员们都在休息吗？您再开店的话，会把大家招回来吗？

大坊：他们都离职了。大概在 7 月初的时候就跟大家交代了……那时离关店还有不到半年的时间，我首先把这个消息告诉了店员们。从那时开始，我从来没有说过也许会重新开店。总之，出于不得已的原因，店不得不关掉（"大坊"关店的原因是咖啡店所在建筑楼体老化）。有的店员没有找新的工作，而是准备开自己的店，也有的店员怀揣着以后开店的目标，寻找新的工作机会。

森光：嗯，这样啊。那大坊先生您是怎么打算的呢？如果可以的话，会再开店？

大坊：啊，我不知道……

森光：说不知道，自己的意向呢？

大坊：不知道。

森光：自己的意向都不知道？

大坊：不知道自己的意向，很奇怪吧。

森光：当然奇怪了！

"大坊咖啡店已关闭。衷心感谢各位一直以来的关爱。"

大坊：也许真的奇怪。不过，如果单纯问是否想重新开店的话，我自己并没有特别强烈的意愿。

森光：嗯。原来如此。我现在还做着咖啡，所以很难想象不开店之后的样子。但考虑到年龄的话，确实也能明白您的心情……

（大坊先生一直沉默不语。森光向大坊的夫人惠子女士问道）夫人您是怎么想的呢？

惠子：最开始我们的想法就是，我俩的店只做到自己这一代。虽然我们有孩子，但希望孩子能选择自己的人生。如果孩子想要继承家业的话，那另当别论。但现实并不是这样。我们曾经也想过，两个人上了年纪后可以适当地调整店的经营方式，比如缩短营业时间之类的。

森光：比如改成只卖咖啡豆。一般都是这样。

惠子：嗯，也考虑过。但是开店以来的时间安排、店的风格以及我们的想法，经营的方式和站在店里的姿态，这些我们并不想改变。之后我俩还能否保持同样的姿态，还能坚持多久，想到这里，我们很难说有十足的信心。

我俩平时也会说，应该还能再做十年，所以还互相鼓励。但如果现在重新寻找别的地方，并且要延续我们迄今为止所做的坚持，还是很令人犹豫的。

森光：不过，变化并不一定就是坏事啊。比如我们的店之前开在像地窖一样的地方，现在的店则变得很亮堂。此番变动又引发对咖啡的新的探究。当然，不能完全说是塞翁失马，焉知非福。我想说的是，不一定会发生什么，也许关店这件事会带来新的契机。您不这样认为吗？

大坊：您说得是。如果真的想努力再次把店做起来的话，当然可以把关店看作一个契机。可是，怎么说呢，当"不做了"这个选择在我心里浮现的时候，什么都不用做，我从心情上来说是……

森光：轻松？感到痛快吗？哈哈哈，这样呀。

大坊：就因为心里出现了这样的想法。我之前完全没有想过关店这件事，可当这个选择突然出现时，我才发现"啊，原来什么都不用做就行"……当这个想法变得越发强烈，我心里的一些负面情绪逐渐消失，对此变得积极。同样地，如果无论如何都想做咖啡的心情开始蠢蠢欲动，也许我会重新燃起开店的热情。所以说一切未定。虽然未定这个状态十分暧昧。

森光：太优柔寡断了，哈哈哈。

大坊：话虽如此，但您听过我的解释后就大概明白了吧。

森光：嗯，明白了。

大坊：比如说关店之后去做自己迄今为止没能做的事情，这样的想法我完全没有。比起这些，我更想过什么也不做的生活。

森光：我也憧憬这样的生活。就像熊谷守一先生那样，不踏出家门一步，哈哈哈哈。

大坊：只是聚精会神地盯着蚂蚁看，我想过的生活就像这样！空想也好，憧憬也罢，我想做一些非现实的事，现在是这样的心情。小学的时候我很喜欢做暑假的时间表。暑假的时间很自由，每天想做什么都可以，相反地，也可以什么都不做。我希望自己今后的人生可以再一次回到孩童时代，可以再次过上那样的生活，虽然不知道实际上是否真的那么有趣。

森光：哈哈哈。

大坊：咖啡师这个职业，大体上工作时间都很长。如果像森光先生您这样，利用休假日去埃塞俄比亚，去也门的话，那可真是太忙了。

森光：确实。不管怎么说，现在都还没定呢。

（大坊和惠子两人参观森光的烘焙现场）

森光：这是您第一次看我烘焙，感觉怎么样？

大坊：您使用的是 FUJI ROYAL 5kg 的烘豆机吧。我边看边想，大容量的烘豆机也挺好的。这台机器好像是您从 MOKA 咖啡店的店长那里继承下来的吧。

森光：对，这是 MOKA 店长的师父襟立博保先生设计的定制品。在原产品的基础上，店长和我根据自己的使用习惯对它进行了改良。我花了差不多一年的时间才真正掌握了这台机器的使用方法。

大坊：每个人都有自己的使用习惯。

森光：我们学烘焙时，最初是用锅炒，之后用手网烘焙、用手摇烘豆器烘焙，就像大坊先生您那样。其实手网和手摇，各有各的好。

3kg 或者 5kg 容量的烘豆机在转速上大致都是一样，都是（1分钟）58次。我店里用的这台现在装了变流器，可以自由设定炉膛旋转的速度。我和 FUJI ROYAL 的人商量过，他们说这个很快就能装上。大坊先生您手摇的速度是固

定的吗？

大坊：我没想过这个问题。

森光：也有人在手摇烘豆器上安装自动旋转的电动机。

大坊：嗯，确实。我刚开店的那会儿，也有人和我一样在做手摇烘焙，现在他们很多人都装上了电动机。

森光：大坊先生您为什么不装呢？

大坊：到底是为什么呢。要一直手动转五个小时，想想都觉得没完没了。可是我也没想过停止……也许咖啡豆烘焙（闭上眼睛，两手同时缓慢转动）就是这样的……吧。

对我来说，咖啡豆烘焙不是依靠机器，而是要靠自己的全身来完成。早上我一边读书一边烘豆子，有时候也困得不行。不过那也是我当时最真实的状态。不是说咖啡烘焙一定要用手摇，只是如果不这样做的话，就无法做出属于我的咖啡。

森光：我这台机器装上变流器后，出品变得很稳定。空气这个东西真是很有意思。如果转速保持不变的话，炉内空气的量也不会变，那么火力也就保持一定。然而呢，大部分的人在烘焙时，都会去调整火力。但是我会把火力设定在固定值，转而调整别的地方。一开始让炉膛慢慢旋转，然后转速稍微调高，收尾的时候最快。我认为这种缓慢的温度变化会带来一些特别的东西。我也说不好，这种烘焙方法像是传统的煮米饭的方法，它蕴含着日本人一代又一代传承下来的经验和智慧。我想从这个角度来思考"做咖啡"这件事。

大坊：对我来说，选择做自家烘焙是理所应当的事。为什么我会这样想呢？刚开始接触这一行的时候，我去过"大路咖啡店"和MOKA咖啡店。"大路"最开始是手摇烘焙的，很快换成了机器，但依然在店里做烘焙。因此我觉得在店里烘咖啡豆是很自然的一件事。对了，我认为好的咖啡店都是自家烘焙豆子。

森光：我在做手摇烘焙之前还做过手网烘焙。即便是现在，我依然觉得用手网烘出来的豆子更香。手摇烘焙，炉膛接触的是还原焰[1]，而手网烘焙则用的是氧化焰[2]。大坊先生您在做手摇烘焙之前做过手网烘焙吗？

大坊：没有。当我下决心用500g容量的手摇烘豆器做烘焙后，就在自己住的公寓里埋头操练。当时好像还没有室内不能制造烟雾的规定。我就这样一直做手摇烘焙做到现在。

所以我可能在烘焙上没有什么钻研精神。一直都用那个手摇烘豆器，在烘焙过程中不断地做出调整，直到获得自己觉得还不错的味道，之后再尝试做出调整。我一直坚持着这样的方法，从未感到厌烦，对其他的烘焙方法也甚少感兴趣。我没有用过什么设备，也没怎么思考过氧化焰和还原焰的问题。

1　还原焰，氧气供给不足的条件下不完全燃烧的火焰，燃烧产物中含有一氧化碳等还原性气体，燃烧温度低。

2　氧化焰，氧气充足的情况下完全燃烧的火焰，燃烧产物中含有二氧化碳等氧化物质，燃烧温度高。

不过，店里用的都是我在品测时觉得还不错的豆子，我是靠着自己的舌头维持着店内出品的味道。

因此，像您那样下功夫去接近老师的味道，我是没有的。有的人心里有一个目标，他会琢磨要怎么做才能接近这个目标，我没有这样的坚持。我只会在意自己心里是否认可这个东西。比如我在做品测的时候，喝下去感觉到味道里有不满意的方面，那么下一次就把这些地方去掉。这是我一贯的做法。

只有自家烘焙才能做出属于自己的风味，自己认可的味道。

我的想法仅仅是让客人在店里喝到自己做出的味道，而不是别人的。

森光：我呢，因为之前在 MOKA 学习，所以刚开始做烘焙时，很长一段时间都以接近 MOKA 的味道为目标。最初用锅炒时，店长标先生建议我先把豆子装在手网里，再放到锅里炒，翻炒效果会更好。手网的存在起到一个墙面的作用，我做过试验，看这个方法对味道会有怎样的影响。在这之后，我开始了手摇烘焙。

我做自家烘焙，一方面是因为 MOKA 咖啡店的影响，另一方面因为感动我的咖啡都是自家烘焙的。我一直认为咖啡店做自家烘焙是理所应当的事。也许不是自家烘焙的咖啡才是普通的"咖啡"。这方面我反倒是很难理解。

在我深受影响的人里，有一位叫作稻垣足穗的作家。他常常说"要与众不同"。要活出与众不同的人生，要写出与众不同的文章，写诗也应如此。换句话说，就是要有"自己"。要在咖啡中探寻自己，必然会选择自家烘焙。

我后来想过……我在做自家烘焙的过程中有过很多思考。比如为什么只有摩卡咖啡豆才有如此独特的风味。当时的摩卡豆子的品质其实没有那么好。可到底是为什么呢？

从那时开始，我对摩卡咖啡豆很感兴趣。我想真正踏上摩卡咖啡豆生长的土地，想尝尝它的果实是什么味道，哪怕是一粒也好。于是，我头一次去了也门。（森光的旅行始末在他的著作《从 MOKA 开始》中有详尽的记述。）

大坊：哦？您说想吃什么？

森光：咖啡果实。我当时想如果吃过咖啡果实的话，也许就能明白为什么摩卡具有如此与众不同的风味。因为果实不同，肯定咖啡的味道也不同，当然，种子也不同。嗯，虽然事实并非如此，不过这成了我学习的契机。

后来我开始关注土壤的问题。我之所以执着于摩卡，原因是埃塞俄比亚和也门这两个地方位于地壳板块的张裂地带，具备火山土，因此土壤能够依靠自然的力量补充自身的矿物质元素。而在别的国家没有这样的条件。尽管不能说是榨取，比如巴西这样的大产地国，但过了三四十年之后，土壤中的养分被吸收殆尽，人们又会迁到其他地方去种植作物。在停留某地耕作期间，人们追求的是实现资本主义式的利益最大化。这样的方式会造成土壤的生产力下降。

也门和埃塞俄比亚这两个国家虽然经济上不太富裕，但是它们帮助我认识到除了财力之外还有更重要的东西。也许正因如此，传统的种植方法才能保存至今，如果物质条件变得十分富足，人们没准又会转而去种植产量更高的品种。

虽然现在已经有一部分地区走上了这条路，但仍然有人坚守着过去传统的种植方式。的确新兴国家在咖啡产业上越做越大。可是资本主义的性质决定它生产的产品需要地方接收，所以在不知不觉间会形成一套商业的体系。可是这套体系最终会陷入困境，导致咖啡的品质越来越差。

但是，也有产地实现了供给和消费的良性循环，其中的主要原因是依靠自然的力量。我虽然自己没有去过，但是我听说危地马拉就是一个例子。我推测那里的土壤结构应该可以靠自然之力来补充土壤中的矿物元素。不过到坦桑尼亚周边的话，就变成了大的种植园。因此我们不能断定那里的土壤本身有多么肥沃，咖啡豆的品质肯定会下降。过去乞力马扎罗咖啡豆所具有的优点如今再也找不到了。

其中最明显的就是哥伦比亚咖啡豆。我们刚开始做咖啡的时候，哥伦比亚喝起来有着更加复杂的风韵。现在我店里的菜单是没有哥伦比亚的，不知不觉间变成了这样。然而只要能够确保一定的产量，就能顺应时代的需求。我们总在有意或者无意中回应着时代。

大坊：您第一次前往产地探访是在 1987 年对吗？

森光：没错。我一共去了五次也门。现在因为太危险了，只能作罢。埃塞俄比亚和也门的情况类似，优质咖啡豆产地的土壤大多数都是火山土，也就是火山岩层。岩浆流淌在地面上从而形成含有丰富锰元素的黑土，冷却后的火山岩层有的暴露在地表，有的被落叶覆盖，渐渐在表面形成一层养分充足的腐殖土。这样的土壤中富含微生物，吸引着很多虫子特别是蚯蚓的到来。它们进食后产生的排泄物让土壤中的营养成分越发丰富，从而形成沃土。

如果实际前往当地的话，就能亲眼看看当地的土壤。在夏威夷的大岛（Kona），熔岩表面没有腐殖土的覆盖而是直接暴露在外。人们将咖啡的种子种在挖出的岩石洞里，让它们发芽。光凭火山岩就能为咖啡树的生长提供足够的养分。如果再加上腐殖土的话，真的是非常肥沃的土壤。

另外，越是气候严峻的地方越理想。海拔高的地方，有霜降和雾气的地方最好。如果还像也门的巴尼马塔尔地区那样是易于排水的丘陵地带更是再好不过。排水好意味着此处的土壤能从高处往下得到养分的补给。暴雨来临之际地下水也能得到补充。所以按道理说，咖啡树最好种植在坡面地段，而不是平地。虽然坡地上的手工采摘更加耗费劳力，可是这样能采摘到更美味的咖啡豆。

因此我才特别希望您可以亲眼看看。哈哈哈哈。不过我不是只对您这样，我希望所有对咖啡有所追求的人都能够亲自去产地看一看那里的土地，品尝一下咖啡果实和泥土的味道，亲身体验咖啡树所生长的风土环境。

真正优质的土壤颜色是黑色，并且有着松软的质地。巴尼马塔尔地区的土壤就是这样，真的让我很受感动。当然日本也有腐殖土壤。可是哪怕在同一片地区，隔了一道山谷，土壤的特质就不一样了。我认为埃塞俄比亚 Jerjertu 村的黑土是最肥沃的。那里出产大粒金色生豆[1]的咖啡树的叶子不是绿色的，是黄色的！

　　土壤的特质不同，产出的咖啡也不同。因此从这个角度来说，我们需要形成一套工作风格：亲自踏上当地的土地，亲眼看到那里的土壤和树木，挑选好品质的豆子，再找贸易商购买。我真希望这样的时代到来。

　　说到咖啡的产地，最有名的要数巴西。而巴西产的最有意思的豆子是 Diamantina Yoshimatsu[2]。它的庄园所在地米纳斯吉拉斯州是钻石开采区，那里的土壤中随处可见水晶矿石，也就是石英晶体的二氧化硅，但是该地区的晶体不含任何杂质，是几十万年时间的结晶。这样纯净的物质总是具有特定的性格、性质。水晶能产生电力。反过来，如果给水晶施加电力的话则会产生振荡，也就是高度精密振动的石英晶体。石英是地壳上最多的矿石成分，而如果是纯净的石英结晶就会具有如上的特性。这点我们人也一样。孩提时代是非常纯粹的，因此才有特别的魅力。

1　此处特指在埃塞俄比亚 Jerjertu 村中，树龄八十年以上的咖啡树所产出的，颜色呈金黄色的生豆。

2　20 世纪 70 年代，日本移民吉松早苗（Sanae Yoshimatsu）在巴西的米纳斯吉拉斯州迪亚曼蒂纳（Diamantina）地区的自家庄园开始种植咖啡树。当时巴西政府断定该地区不适宜咖啡树生长，但吉松辛勤培育后生产出一批非常优质的咖啡豆。如今，吉松家族庄园产出的豆子被称为 Diamantina Yoshimatsu。

但是巴西产区只栽培咖啡的单一种植方法令人感到十分遗憾。虽然这里地处咖啡带[1]，有着优质的咖啡豆出品。可是四十年的时间过去了，大地的养分都被咖啡树所吸收，如今土壤越发贫瘠，咖啡豆的品质和产量都在下降。如果是斜坡地带，土壤中的养分能够得到补给。可是巴西平地多，所以很难。当然，在巴西人会通过刀耕火种的办法来调整咖啡的种植周期。

而在埃塞俄比亚，人们除了种植咖啡树之外还会栽培其他的农作物，比方说制作当地主食"英杰拉"的作物——苔麸、玉米、小麦、香蕉，以及也门的主要作物葡萄等。这种做法非常对。只有一部分的庄园用来种植咖啡。如果仅从国家的方针政策，从效率和采摘量上来看的话，这样的方式是有弊端的。但是如果用长远的目光来看，这是很有道理的。在也门和埃塞俄比亚，现在还依然保留着传统的农业耕作方式。不过在埃塞俄比亚，有一百年至两百年树龄的咖啡古树正在不断被砍伐，被生产效率高的产品取代。

大坊：之前您在咖啡文化学会上演讲时，用幻灯片给我们看了很高的咖啡树，人们采摘的时候需要架起梯子。

森光：没错，当地人用的是叫作"ladder"的三脚梯子。我觉得Jerjertu村里的咖啡古树应该成为世界遗产。

---

1 咖啡带（coffee belt）即咖啡的生产地带。受到气温的限制，全球咖啡种植集中在北纬25度到南纬30度这一带状区域。

我也收集了人们的签名，在2009年递交给了埃塞俄比亚政府。

我认为保护咖啡古树是我们咖啡人的责任。人们应该从过去的经验中明白这个道理。砍掉古树，种植产量高的新树，这样是不行的。

咖啡生豆的处理方法有好几种，比如水洗、日晒等。在埃塞俄比亚，耶加雪菲和哈勒尔的生豆处理方法就不一样。耶加雪菲是水洗处理，而哈勒尔则是自然日晒。虽说是自然日晒，但当地农民不会严格地筛选豆子，也不会只采摘成熟的咖啡豆。有时候还未成熟的豆子也混在里面，在日晒的过程中才变成熟。相较于其他的方法，自然日晒处理的生豆更容易出现瑕疵豆和烘焙不均匀的情况。

对此，我的解决办法一个是人工挑选出瑕疵豆，另一个是在烘焙的前一天做"50℃水洗"。准确地说水温是53℃—54℃。日本很早以前就有"温泉蛋"这种食物。大家都知道温泉蛋的做法是将鸡蛋泡在60℃的温泉水里，泡半个小时就做好了。这样的做法是人们根据自身的经验，经历长时间的摸索而发明出来的。

"50℃水洗"，具体的做法是用53℃—54℃的温水分三次清洗豆子。第一次洗掉生豆上的污垢，第二次是去掉生豆中含有苦涩成分的涩垢，第三次洗的时候加入适量沉积在烘豆机里的银皮（咖啡豆表面的薄皮）灰。有意思的是，在生

豆里加入银皮灰之后会生出日本的"国菌"——米曲霉[1]。诸如味噌、酱油、日本酒等，日本的发酵食品能够具有复杂的美味，得益于这种曲霉将淀粉转化为葡萄糖，将蛋白质分解为氨基酸的两个发酵过程。过去的日本人从经验中得知，制作曲种时混入一些草木灰的话，能够做出稳定且优质的曲霉。所以50℃水洗的工作也是在去除涩垢的同时，故意保留了一些好的杂质。

大坊：生豆泡水的话，苦涩味会被溶解掉吗？

森光：不如说是生豆中的涩垢在泡水过程中凝结后脱落。客人们常说我的咖啡没有杂味，我想很大程度上是因为这道工序。

大坊：您最开始想尝试水洗生豆，是有什么契机吗？

森光：我在也门和埃塞俄比亚日常举行的咖啡庆典上看见了当地人清洗生豆。之后自己做了很多尝试。夏天里有一次我洗了哥伦比亚的豆子，第二天，我注意到掉在水槽里的咖啡豆发芽了。发芽可能和当时的温度、湿度有关，可我发现生豆用水洗过之后会变得更加活跃。

正好那时我听闻了50℃水洗的方法，于是分别用温水和冷水清洗生豆，然后进行烘焙。用温水洗过后的味道更好。以前我问过住在福冈的料理研究家桧山 tami 女士，为

1　米曲霉（Aspergillus oryzae），也叫米曲菌，是产生酶、分解淀粉和蛋白质的一种曲霉，常用于清酒、味噌等食物的制作。日本酿造学会将其认定为国菌。

什么50℃是最好的。她告诉我，因为这个温度可以促进酶的活动，从而去除掉生豆中的涩垢和氧化物质。在那之后，我在烘焙咖啡豆的前一天一定会做50℃水洗的工作。曾经有一段时期我不认为咖啡的苦涩是件坏事，也许有促进食欲的功效，特意保留了咖啡的苦涩。

不过咖啡有千千万万种做法，每个人和它交往的方式甚至可能前后矛盾，但是我认为应该立足于科学，合乎逻辑地去做这件事。这样更好理解，也更容易接受。在实际中进行各式各样的尝试，然后总结自己的经验。能够做这些尝试，是自家烘焙的好处。

大坊：我明白了。当我们实际感受到某种真实，抑或是收获新发现的时候，是多么令人愉悦啊。

比方说对于喜欢的画，我们发现了画中表现的人类心灵深处的情感，并与之共鸣。从某种意义上来说，这是非常私人的体验。也许和森光先生您说的在咖啡上的发现还不太一样……可能也没什么不一样的。

尤其是咖啡的话，个人的新发现和探寻有时能在科学上找到佐证。也很有意思。

森光：是呢。我能稍微谈一下"涩味"吗？

大坊：请讲。

森光：柿饼是用涩柿做的吧。涩来源于单宁成分。涩不会表现在味觉上，单宁细胞和蛋白质结合后在我们的口腔中产生紧缩的感受，也就是，产生一层膜的感觉。涩味比较接近一种刺激性感受，它不像苦、甜、咸、酸、鲜，不属于味觉的一种。可是涩柿变干之后，涩的地方不知怎么就变甜了，对吧？

大坊：确实如此，可这是为什么呢？

森光：有三种方法可以去除涩柿的涩味。第一种方法是用二氧化碳气体。好比法兰绒手冲时的气泡。注水时气泡丰富的咖啡更好喝，就是这个道理。往咖啡粉末中注水时膨胀起来的气泡盖，接触空气后会析出咖啡里的涩垢。二氧化碳，也就是气泡丰富的咖啡更多地去除了苦涩的味道。话虽如此，我们也不能在注水时有意让咖啡产生更多的气泡。顺其自然，交给温度和重量，交给咖啡自身的力量去完成才是最好的。在烘焙过程中也应如此，虽然有一种制作工艺是在烘焙时人工添加二氧化碳气体，从而去除涩味。

去除涩味的第二种方法是用酒精。在柿子蒂的地方涂上烧酒后静置一段时间，能够去除涩味。这是因为酒精让单宁成分变得不可溶解。

第三种方法就类似把豆子浸泡在温水里的做法。涩味是因为单宁细胞在我们的口腔中和唾液结合并溶解，从而产生很强的涩感。利用温水把涩垢成分凝固的话，我们在吃柿子时就能尝到果糖的甜和水果本身的鲜美。

大坊：我不用水清洗生豆，所以可以说我是通过手摇烘焙时的温度调节和萃取这两个方面来调整咖啡中的涩味和杂味，以及涩垢成分的吧。比如我在烘焙咖啡豆时会稍微提早一些减弱火力，最后用余热来完成烘焙。

森光：ＭＯＫＡ咖啡店的店长在烘焙的最后阶段也是用余热。这样的话，在萃取的时候咖啡粉末不会产生泡沫吧。

大坊：这样啊。我店里的咖啡也不会有气泡。其实倒不如说我为了不产生气泡，在注水时有意识地像是将水滴轻轻放置在粉末上似的，"滴答、滴答、滴答"一点一点地注水。水温也在 80℃左右。不会像您在做萃取时那样产生气泡。

森光：嗯。尽量不产生气泡的萃取方法……我完全不能理解为什么要这样做。的确可能用水清洗过的豆子更容易产生气泡。不过我不是为了让豆子产生更多的气泡而做水洗的，而是为了引出咖啡蕴藏的甘味。我的目的是让咖啡豆变得适合深烘。

我在店里做萃取时，咖啡粉末产生的气泡中有很小的气泡，阳光从窗户照进来，小小泡沫在阳光的映照下呈现出七色彩虹般的光晕。每当这时，我就知道这杯咖啡一定很美味。哈哈，这是我自己的一个判断标准。话说回来，我从别人那里听说，四日市产的万古烧急须壶有的用久了，壶底部也会出现彩虹般的色泽。

我用的万古烧急须壶是"美美"的命名者秦先生给的。用得多了，壶的表面生成一层茶棕色薄膜，散发着淡淡的光泽。听说之后就会出现彩虹色的光晕。不知是真是假。

大坊：（针对森光先生说在萃取的时候从粉末中看到彩虹光晕的现象）我看不见。

森光：是您"没有从这个角度观察过吧"。哈哈哈。我之所以看见泡沫上的彩虹光晕，是因为涩垢的成分被析出来了。

大坊：您刚才提到的去除涩味的三种方法，其中一种是用二氧化碳气泡，我很惊讶。我店里萃取咖啡的水温很低，咖啡豆也是粗研磨，然后用非常缓慢的方式注水，咖啡粉膨

胀度很低，也不怎么产生气泡。

因此我的咖啡从外观上很难看出来是好喝还是不好喝。豆子的研磨程度是经过多次试验后决定下来的粗研磨。水温上也是觉得用低水温能够更接近自己想要的味道。粉末不膨胀也没关系，没有气泡也没关系，慢慢地注水就好。我一直是用这样的方法。

还有一点是，我不希望水积存在滤杯里。避免让水停留在滤杯形成一片小湖。我尽可能让水流保持流动的状态，所以才慢慢地注水。因此也不会产生气泡。

森光：这样啊。我为了去除带有苦涩味的涩垢成分，会特意冲出泡沫。在烘焙的冷却阶段，我会在咖啡豆还残留着温热时把豆子倒出来。在咖啡豆因为内部的余温而达到适度的闷蒸效果时，将它们装进储存用的罐子。大坊先生您恐怕是完全冷却后再装瓶的吧？

大坊：装纸袋的时候咖啡豆已经冷却了。烘焙好的豆子倒在竹篓里吹风冷却，下一批豆子烘焙结束时便冷却得差不多了，再把它们装进袋子里。尽管有的时候豆子摸上去还没有彻底冷却，出现这种情况，就装袋后暂且放置一会儿。今天我看见您把润湿后的毛巾搭在咖啡豆储存罐上，再用电吹风从上往下送风，感到不可思议。之前我看见您洗过的豆子会轻微发胀，也是大为吃惊。在您这里我收获了很多新发现。我自己也有点想试试。

森光：您不重新开店的话，怎么尝试呢？哈哈哈哈。

大坊先生您之前也用水洗过豆子吧。您说感觉洗过后味道变淡了，所以不做了。您洗了多少遍？

大坊：一遍……洗过之后，我看到咖啡豆表面有污垢，我把污垢去掉，沥干水，第二天才烘焙。

森光：回到最初的话题……一下子倒回去没关系吧？

在古典音乐创作旋律的方法里，有一种叫作华彩乐段的和声法。我在构想咖啡拼配的时候，总是参考华彩乐段中连接多个和弦的规律。当然，我是用单品咖啡豆来做，最后整合成拼配，犹如和弦的组合。店里客人点得最多的还是拼配咖啡。

杂味，从音乐和声学的角度来说相当于不和谐音。我用歌德的颜色论去理解这一点。如果我们转动构建歌德的色彩世界的转盘，红色、蓝色、黄色等各种颜色混在一起，最后出乎意料地会变成土黄色。因此自然可以这样假设：如果将土黄色作为背景色，那么色彩上的不和谐问题就迎刃而解。

大坊：有这样的理论吗？

森光：没有，还没有人提出过，是我自己想出来的。关于日本画里的金色屏风，有一种说法就是铺满背景的金箔能够使绘画整体在视觉上更加和谐。

大坊：您在风味上的探索方向，我总算是明白了。熊谷（守一）为了解决绘画上的不和谐音所提到的"土黄色"，您认为在味觉上又该作何理解呢？

森光：我认为还是涩味。涩味的本质是绿原酸。苦味、酸味、甘味相当于三原色。这三者是味觉的主体。这个您明白吧。

大坊：三者里再加上鲜和咸，就是五味。

森光：一般是这样教的。通常我们的舌头能够感受到五种味道：苦味、鲜味、酸味、咸味和甘味。这是通常的认知。然而我认为在咖啡的风味体系里，涩是最耐人寻味的。刚才我说到柿饼时，提到去除涩味的三种方法。绿原酸是涩味的本质，它和单宁酸很像。涩味让我们的口腔内部产生紧缩的感觉，被认为是一种刺激性感受。现在的科学并不把涩味看作一种味觉。但是，我认为只有当我们去探索涩味是否能转化为甘味时，这样的咖啡才会带有风味十足的余韵。因此我既不能够完全去除涩味，也不能保留太多。如何把握两者之间的平衡，这一点至关重要。我洗生豆是为把咖啡豆的涩味转化成甘味而做的准备。因为涩味从一开始就已经包含在咖啡豆的涩垢成分中。我这么说您一定嫌我啰唆，我洗生豆的工序一方面是去掉涩垢，另一方面也是保留涩垢。

将生豆加热的烘焙工作，我想大概也是这个原理。烘焙过的咖啡豆中最多的成分是脂，其次是氨基酸和蛋白质。再者便是构成涩味的绿原酸。然而，随着烘焙的进行，咖啡豆中的绿原酸越来越少。如果全部都去除掉的话，那么咖啡的风味、余韵和香味也会大打折扣。

大坊：我没有怎么思考过涩垢的存在。不过，我在品测时如果感觉到了涩味，总会去琢磨如何才能够去掉它。

可是，就算我真的做到完全将涩味去除，随即便会感到有所欠缺。我又会想，应该怎样做才能稍微保留一点那种涩味。这样的过程反反复复。我在对待苦味上也是如此，如果要去掉这个苦味，应该如何做……酸味也是同样。不过在开店当初，我的店里坚持尽量做"零酸味"的咖啡，所以烘焙得很深。

逐渐地，我产生了保留一定程度酸味的想法，于是降低了烘焙的温度点。不过，咖啡豆的品类不同，烘焙中所用的火力强弱也不同。不管是酸味还是苦味，每次保留下来的多寡有着微妙的差别。苦味和酸味要控制在哪个程度，每一次我都需要花很多工夫去把握。在这个阶段，我和店员会通过"味道的表情"来感受咖啡的味道。咖啡的表情，也许在森光流派那里就是通过对涩味的拿捏而达到的咖啡风味的最终呈现。当然，最终呈现的样子是多方面的集合，包括甘味和苦味、甘味和酸味之间的层次关系。

森光：就涩味来说，在所有的工序中都应该避免制造剧烈的变化，尽可能地让变化平缓地呈现，这一点关系到咖啡豆中能否保留恰到好处的涩味。

咖啡豆呈现出平缓的变化，我认为这是它在记忆。在我看来，咖啡豆有着自己的风味记忆。这就像胶片通过记录光线来"记忆"是一样的，只有它们的特性曲线呈现 S 形的时候，才会有更丰富的层次。这时咖啡豆会显出它丰富的特性，风味才会变得非常饱满。

在咖啡味道的柔和度和顺滑度这方面，和其他做深烘的咖啡师比起来，我认为自己做法上最大的不同之处是萃取的水温。基本上我都要求店员将水温控制在 90℃—95℃，差不多用 93℃的热水。这样做是因为咖啡因的特性。咖啡因在 90℃左右会迅速溶解。因此我们在萃取的时候希望能够利用这一点。

如果是做平常喝的咖啡（100% 烘焙后的咖啡豆），我们建议客人用 93℃左右的水冲泡。我们希望自己出品的咖啡能够适合这个水温。法兰绒咖啡（萃取量少，浓度较高的咖啡）另当别论，法兰绒咖啡为了达到醇厚的风味，萃取时的水温要低很多。用70℃左右的热水来萃取比较好。事物都有着各自适合的活性温度，如果烘焙和萃取的工作建立在活性温度的基础上，做出来的咖啡一定会格外美味。

大坊：您刚才说醇厚对于法兰绒咖啡来说很重要，因此用70℃左右的热水做萃取。我呢，做所有的咖啡都是这个温度。

我店里的咖啡之所以是那个味道，除了用手摇烘豆器烘焙之外，还和萃取温度有关。我刚才看您做烘焙的样子，很感同身受——在烘焙的前一天水洗生豆，咖啡豆膨胀起来的样子，对风门的操作，还有原焰和氧化焰的调节方法……

森光：风门和火焰的调节正是与手摇和手网烘焙的不同之处。

大坊：烘焙好的豆子从炉膛里取出，趁着它们还没有完全冷却的时候放进储藏罐里，再盖上一层布，等等。在我看来，所有的这些工作都是为了让咖啡的味道变得更加柔和而采取的办法。我虽然没有做这些工序，但一直都在通过烘焙的工作让咖啡的风味更加柔和。虽然我们做的事情不同，但是我们的目的是一样的，我们都想要做出风味柔和的咖啡。

涩味自不必说，我们所做的很多工序是为了让咖啡的酸味和苦味也能呈现得更加舒缓，更加沉稳。还有一点，我隐约觉得做所有工序时应该尽可能地放慢速度，并且适当地保留咖啡的涩味，这两件事或许存在着一定的关联性。

森光：我觉得是有的。所以如今我认为自己其实一直都在探究两者的关系，涩味的处理、50℃水洗这些工序都是如此。也许对涩味的探究源自渗透日本人的味觉和生活的茶文化。

大坊：不好意思，您对此进行了广泛的研究，我却说出"简单来说我们在做同一件事"这样的话，感觉对您是种冒犯……

森光：没有的事，结论上都是一样的。

大坊：我一直以来坚持改善"味道的表情"，也许就是一次又一次地做加减法。延长大火烘焙的时间，抑或是缩短大火的时间，提前进入中火烘焙；还有锅炉离开火源的时间点，以及在此之前减弱火力的时机，归根结底是如何把握火力和自己的时间节点。烘焙说到底只有这两方面。您觉得呢？

森光：嗯，大坊先生的咖啡在最开始的那阵子，喝起来苦味很单调，后来逐渐能感到味道变得复杂。也就是说，咖啡中包含了越来越多的记忆。

让变化"平缓"从某个意义上来说是让味道更加质朴。如果要我回答对您的咖啡的印象是质朴还是强烈，很难……我还是觉得偏于质朴。要说是否柔和呢，我想醇厚这个形容词会更加贴切。"柔和"的口感更多是用来形容咖啡中酸味的表现。在涩味上，我感觉您的咖啡带着优雅的涩味。虽然您的处理方法和我不同，但最终我们都保留了涩味。

大坊：森光先生您的咖啡不光是涩味，酸味的存在感也很强。尽管我为了更多地展现酸味而在烘焙上做出了调整，但我感觉您的咖啡比我后来的保留有更多的酸味。您咖啡中的酸味所展现出的味道表情，有时候感觉很平静，也有时候感觉稍微有一些张扬。尽管每一次都有微妙的差别，但是这些酸味从来都不会拖泥带水地残留在舌尖。这一点适用于您店里所有的咖啡。

前些日子（**对谈 1** 的时候）在喝您做的咖啡时，我感觉您的伊布拉西姆摩卡[1]咖啡豆的烘焙度比店里其他的咖啡豆要更深一些，对涩味和酸味的保留也略少，很惊艳。那一杯咖啡，我不由自主地感叹道："真好喝！"

森光：咖啡的味道与豆子烘焙后过了几天也有关系。很难说清楚。

大坊：您是怎样做到呈现令人愉悦的酸味的呢？

森光：如果是用手摇烘焙的话，那就是利用还原焰的烘焙方式。与手摇烘豆器所利用的还原焰相比，烘豆机利用氧化焰的烘焙方式更适用于酸味的呈现。我依旧认为我们应该追求每种烘焙方式独有的美味。再说了，我们能做的也仅止于此。

大坊：有的人在我用的那款手摇烘豆器的炉膛上开孔。

森光：我也开了，在前端的地方。不过我是受 MOKA 店长的影响。

大坊先生您的咖啡在我喝起来，没有感觉到酸味的风

1　伊布拉西姆摩卡（Ibrahim mokha），也门西部山丘地带的 banni ismail 村所种植的小粒摩卡咖啡豆，世界咖啡的原种。

味，对我来说是苦味的美味。

大坊：浓厚的同时又感到轻盈，我一直希望能够做出浓厚又圆润的风味。味道的重心不是在下方，而是像在不断气化似的，一点一点地往上升腾。我追求的是这样的饮品。那种感觉好比入口的一瞬间尝到味道，忽而又悄然不见。

森光：这正是味道的余韵。还有一点，设计师、摄影师、作家、艺术家这类人有着更喜欢苦味的倾向。这样的人更想喝苦味的咖啡，再苦他们也不会抱怨。也不是不可以说这是咖啡的特性。我的店刚开业的时候，咖啡中的苦味更加突出，后来逐渐发生了改变。如果说有苦味的咖啡是带有特殊性的东西，那么我后来变得想要追求任何人喝起来都觉得好喝的一般性的咖啡。

大坊：……在交谈会被付梓成书的情况下，我不会评论别人做的咖啡。除了"好喝"两个字以外不加评论，不好喝的时候我就保持沉默。

森光：哈哈。您说得没错，没有必要付诸太多语言。对现在的年轻人，我还是想说，虽然说了很多次：刚开始用小火，中途开大火。一遍又一遍地践行这个方法，就能做出一以贯之的东西，成就一杯咖啡。

（对谈进入尾声，进入编辑对两位的提问时间）

编辑：大坊先生您总是会看杯中的"金色光圈"吗？

大坊：嗯？

森光：咖啡杯和液体之间的"金色光圈"，边缘泡沫的地方不是会出现吗？他是这个意思。

ブレンド				ストレート		
1.	30ℊ	100㏄	700	6. モ カ		800
2.	25ℊ	100㏄	650	7. コロンビア		800
3.	20ℊ	100㏄	600	8. ブラジル		800
4.	25ℊ	50㏄	700	9 タンザニア		800
5.	15ℊ	150㏄	600			

◉ 当店のコーヒーは最も味がなじむ温度にしてありますが
　特に熱いコーヒーをお望みの方は申し付け下さい。

・コーヒー豆　　100g　　　800
・コーヒー券　　11枚綴り　6,000

ミルクコーヒー	750	チーズケーキ 450	
アイスコーヒー	700	ビール	650
ぶどうジュース	700	シェリー	650
山ぶどうジュース	850	ジン	750
紅　茶	700	ウイスキー	750〜

ブラックルシアン　900

大坊：这个意思啊。当然。我会很仔细地观察。那个叫作"金色光圈"吗？

好喝的咖啡一定会出现这个……我不敢保证。

森光：寡淡的咖啡一定不会出现吧。

大坊：嗯，您说得对。我店里用的咖啡杯是"大仓陶园"的杯子。能够清楚地看见（光圈），很漂亮。每次我都觉得那颜色美极了。倒进玻璃杯的时候，这样举起来对着光线，看起来是漂亮的深红色。

森光：嗯。没错没错。

大坊：看起来像是血的深红。很美吧。我店里的自出版图书里也有照片，你们看（拿出书给两位看）。不过这个红色和我肉眼看见的不太一样。摄影师从很多角度进行了拍摄，可还是没有拍出肉眼看到的那种红色。

森光：可能是光线的原因吧。

大坊：我记得拍摄的时候用的是自然光，因为是在店的外面拍的。刚萃取出来的咖啡液体的颜色很红。"大坊咖啡店"在开店前会分批萃取 500cc 的冰咖啡，然后放入铜壶里做快速冷却处理。这样做的咖啡液体，哪怕放久了颜色依然是鲜红色。液体清澈，一点也不会变浑浊。

森光：如果借用"琥珀咖啡馆"店长的话，好的红茶是红色，而好的咖啡是"琥珀色"。店长想表达的就是，好的咖啡是混杂了各种东西而呈现出琥珀色。

大坊：我已经不追求做出红色的红茶。无所谓泡出来的茶汤偏黄。店里的红茶我决定只用大吉岭的春茶，它发酵程度低，茶叶带着绿色，茶汤的颜色不怎么发红，更偏绿色……要说金黄色的话有点过了。

森光：有没有带一点粉色？

大坊：对，也有带着粉色的茶叶。

森光：我迄今为止喝过的最美味的红茶是印度大使馆的红茶，茶汤的颜色接近粉色。红茶的泡法也很难吧。

大坊：可能的话，我希望您教教我红茶的泡法。我店里的菜单上是有红茶的（参见213页"大坊咖啡店"的菜单），隔两三天就有客人点一杯。点红茶的很多人不是因为特别喜欢喝红茶，而是出于不能喝咖啡这个不得已的原因。尽管需求量很少，我还是会专门去红茶专卖店，买三种左右的大吉岭春茶做成拼配供店里用。水温控制得稍微低一点，85℃。将茶壶温热，倒入满一茶匙的茶叶，我现在是泡4分钟。我听说用圆形的茶壶比较好，也就囫囵吞枣地用圆形茶壶来泡。

尽管如此，冲好喝的咖啡和泡好喝的茶，完全是两回事。大约是一年一次吧，有客人说我的红茶好喝。那位客人也喜欢喝店里的咖啡。这样的情况最多也就一年一次。

有客人会问，明明是红茶，为什么颜色不红？是不是茶叶放少了？其实我是放得比普通要多一些。我希望它喝起来茶汤浓厚，味道温和，茶香中能隐约带着一丝舒适的涩味。每年春茶上市时，风味大致上就已经确定了，但我会在一年中制作、试饮、调整。有的年份品质毫无瑕疵，有的年份就……我都是买够店内一年需要的分量。偶尔不知道是什么原因，会出现提前售罄的情况。这时候我只好买秋茶来使用。春茶喝起来味道轻盈，秋茶风味会更硬朗一些。不过有不少人更喜欢秋茶。

红茶有很多种做法。我听说中国茶也是这样。最大的不同之处是有没有煎炒这道工序。

森光：还有一点，红茶和日本茶只有去茶店才能买到。我的店不提供红茶。因为我没办法买到曾让我深受感动的印度大使馆的红茶。之前我的店里有做过煎茶，有一部分是因为秦老师的影响。还有一个原因是我之前的店的房东是做和果子的（店已经关了）。店里有一种叫作"肉桂馒头"的甜点，是白豆沙上面撒着肉桂粉。煎茶和这种和果子比较配。当时店里客人还可以从隔壁买了点心，拿到店里来配着咖啡吃。

煎茶和抹茶一样，讲究喝之前要吃一点东西，这么做是为了促进口腔中的唾液分泌，从而让味觉变得敏感。比空腹喝要好。不过，尽管抹茶和日本茶有着非常好喝的产品，两者的文化博大精深，却很难进入年轻人的生活。我认为是因为没有做好契合时代的"启蒙运动"。

在这方面，咖啡一直到现在都是大众喜爱的饮品，这归功于各位前辈所做出的努力：前人对风味的探索，对器具的考究，以及同辈之间的珍视。因此，我真切地希望下一代咖啡人能够通过我们的经历，去开拓自己追求的咖啡世界。

编辑：森光先生曾经说过，从一杯咖啡看一家店的全部。对此，大坊先生您怎么看呢？

大坊：在空间设计方面，我从来没有想过要和咖啡本身有什么关联性。

森光：您虽然没想过，但从结果来看，店里的音乐、绘画都和咖啡有着关联。

大坊：我从绘画中感受到的"真实"，是人类的抒情性。不是表面上的，我所找寻的是人类心灵深处的情感抒发。每当我在绘画中发现它时，都会因为深藏于作品中的这种"真实"而感到激动不已。因此我会喜欢上自己产生共鸣的画作。虽然每个人在我的店里喝咖啡时的状态不同，但如果有客人喜欢挂在店里的画作，说明我们有一些相近的地方。

森光：抒情性在我看来是情趣。科学的观点是建立在情趣世界这个前提之上的。这么说就好理解了。情趣构成主题的内核。人们为了将情感的触动具体表现出来，有的人选择做咖啡，有的人选择画画，有的人选择音乐。

大坊：我的观点是，来喝咖啡的人的内心感受属于他们自己，与我无关。我是因为自己觉得很有意思，才会在店里挂上那些画。仅此而已，和客人没有关系。至于绘画的抒情性和咖啡的抒情性之间的关系是否具有普遍性，我并不深究。

森光：就算您不深究，大坊先生您感受到的情趣是实实在在的。人的耳朵、眼睛、嘴巴在相互影响的同时，每个部位都各司其职。所以，您店里的空间和您在咖啡上的追求，两者是彼此呼应的。在我们的五感中，虽然嗅觉主导的气味还未被很好地理论化，但据我推测，眼睛、耳朵、嘴巴，这三个部位的感官是彼此影响的。

我认为从这个角度出发的话，最终会让我们更容易理解什么是咖啡。比方说，如果用音乐来比喻拼配咖啡的话，应该怎样形容才能帮助大家理解呢？针对这个问题，我讲了泛音的概念。也许从色彩、味觉的方面去理解咖啡，更能传达我想表达的东西。年轻的读者读到我们对谈的内容，也许会从中获得一些启发。如果年轻人不是照本宣科，而仅把我们谈到的东西作为线索去做出自己的尝试，我想他们一定会更加清楚地知晓咖啡对于自己的意义。

又比方说，我们看一株植物的一生。这和咖啡也有关系。播种，发芽，生长，开花，结果，最后凋落。其中，植物在开花和结果时，为了授粉而招蜂引蝶。结了果实后，需要别的动物来吃掉它们。因此果实才会慢慢成熟发红，鸟儿会飞来吃。这样，植物才能繁衍后代。植物在循环往复地做着这些事情。

在我看来，人的一生和植物没什么不同。通过做咖啡，我们播下了自己这颗"种子"，它逐渐成长、开花、结果、然后凋落。即使注定凋零，但是有人吃了它的果实后，能将其转变为自己的食粮，抑或是在别的地方萌发出新的嫩芽。

这些事终而复始，文化即从中产生。人类有着这番使命，对吧？所以……您别嫌我啰唆，我始终认为大坊先生您背负着这样的使命。

大坊：哪里，我……有何等使命可谈……

森光：只不过是本人有没有意识到罢了。然而，我认为不只有情趣重要，怀着好奇心追求科学的人，我也很能感同身受，我很尊敬这样的人。像毕达哥拉斯、亚里士多德这样追求世界的纯粹原理的人。

那么，作为咖啡师……今天，我在您面前展示了我的一种烘焙方法。用音乐来说，好比是我写了一首曲子。也许我接下来要写别的曲子，尽管我不确定自己是否能够做到。

只要身体还听使唤，我就会一直做咖啡。世事流转，哪怕不知道还能做多久，我也会坚持在这条路上不断探索。

容我再一次提及熊谷守一先生。我认为熊谷先生的伟大之处，正是在于他那朴实而稀松平常的人生态度。水滴的形状，蚂蚁的爬行方式，鸟、青蛙、猫咪，等等，熊谷先生用他的双眼发现了这些事物的轮廓。在事物的前方，他看见的是"绘画"本身。所以，他笔下的每一件事物各有各的特点，而每一件作品也各不相同。

也许可以理解为，熊谷先生的创作，是将事物归纳于"形式"。大多数人对"形式"的看法是负面的，但绝非如此。比方说传统舞蹈和能剧，只有当一个人能够严格按照形式要求完成表演之后，才能在身处其中的同时，寻找新的表达方式，才会收获从容。在我看来，"大坊咖啡店"几十年来都坚持同样的做法，正是通过坚持此种形式从而获得另一种自由。

大坊：啊，在这方面我和您看法一样。不论是加之自我的形式，还是看待时间的方式，自己在不知不觉间掌握这些东西的时候，能够更强烈地感觉到其余的事情是多么的自由。形式能带来这样的改变。

森光先生您经常提到的"原理""使命"，我倒是没有想过……不过，我会仔细斟酌是怎样的场景。这幅画挂在这个地方的话，墙壁看起来怎么样？我感受到的东西，对喝咖啡的客人来说又是怎样的感受？

大致的情况是，我会先在脑海中描绘出各种各样的景象，从中掂量出可行的方案。如果深入分析我的做法，您或许能从中推导出某种原理。

森光：不敢当。不过，像画家伦勃朗就是透过光影的明暗观察事物，他对光影的研究非常透彻。

大坊：伦勃朗最后的一幅自画像让我深受感动。可能和那幅画没有使用太多色彩也有关系。嗯，也许有这方面的原因。看的人只不过是静静地观赏，感触会一点一点地涌现心头。

森光：是啊！

大坊：对。某些东西是慢慢地、一点一点地浮现出来。我从来没有想过用颜色论去解释。正因如此，在听您讲了很多之后，您让我感到十分敬佩的一点是，您用理论去深化自己的想法，由此寻求其中的真理、原理。或者说，您会去求证支配事物的法则的全貌。而我对不能明确解释的东西，总是诉之于另一种暧昧。

森光：我们在看彩色的世界和黑白的世界时，眼球的运动是不一样的。黑白的世界会比彩色的世界更加深刻地印刻在我们的眼中。我因为平时拍照，所以比较了解这一点。

这些的大前提，其实前面我说过很多次了。日本古代的煮米方法就像这句歌谣："刚开始用小火，中途开大火，听到锅里吱吱扑腾转微火，孩子再哭再闹也决不开锅。婆婆赶来加把火，蒸一蒸开锅咯。"当有了这样的普遍法则，很多事情自然迎刃而解，并且让人信服。如果我们重新回归事物的普遍法则，就能够明白很多事情。

比如，植物的种子被播入土地，发芽，扎根在土壤里生长，结出果实。这和"刚开始用小火，中途开大火"是一样的吧。这便是我们的祖先在过去所创造出的日本风土。音乐也是如此。一首曲子的诞生，最开始先有主题，再进行展开。同理在味觉上，我认为寻找主题是极其重要的。

大坊：我有意识地关注了日本的风土。不同的国家都有着当地人所珍视的饮茶时间。不过，我感觉日本人对饮茶这一件事的重视程度尤其。

日本的季节感也是如此。日本人的思维和季节紧密相连。比方会说茶花开了，刚刚绽放的样子最好看之类的。虽然我不会想"刚开始用小火，中途开大火"这样的普遍原理。但当我们聊到这方面时，我十分明白您话语中对文化根源的思考。因此我是全身心地在听您阐释。我认为您想要表达的是这个意思。

森光：我希望年轻人能从中获得启示，由此出发去探索更广阔的世界。总而言之，个体的体验是极为重要的。

大坊：有位我们都认识的韩国陶艺家，金宪镐先生。金先生跟我说，想要自费出版"大坊咖啡店"的书（后来以《大坊咖啡的时间》为书名出版）。他说他心里有一个主题，那就是探究年轻人为什么去"大坊咖啡店"。他说："大坊先生做的事也许对于年轻人来说，就像创造了一个成年人的房间、成年人的场所，尽管我不想这么形容。年轻人感受到了这个场所的珍贵。"金先生是这样说的，不过我从来没有这样想过。

森光先生您也说到了这样的使命感。年轻人通过了解我们的经验，进而将它传递给下一代。我认为的确如此。只不过我是在别人提到之后才有了这样的意识。迄今为止，我都是完全按照自己的方式来构想。我只是凭着自己的想象来决定一件事做与不做。

森光：现在的年轻人和我们当时很大的不同之处在于，他们大部分都去过国外，有从外国来看日本的视角。在某些地方他们有着自己的想法，想要做出属于自己的东西。我店里的客人群体范围很广，有年轻人，也有我这一辈的人。想当初我们年轻的时候，只有有钱人家才能去国外。

大坊：还有一点，虽然我不愿意这样说，那就是咖啡这种饮品，人类喝起来真的是好喝的吗？有没有人是硬着头皮说好的呢？

我常常反问自己真实的感受是什么，是否真的觉得好喝。当然，我有过好几次感受到美味的时刻。但曾经我思考过这个问题：咖啡作为饮品，真的是好喝的吗？我并不是把它当作一个至关重要的问题来思考的。这种感受和喝纯威士忌的时候所体会到的东西一样。

我打心底觉得，人真是有趣的生物。抽烟这件事也是如此。吸烟者里面，也许真的有人觉得烟很香，也有人是在高中的时候出于叛逆之心而开始抽烟，进入社会后单纯因为不能改变原则而一直抽烟。有意思吧。

森光：哈哈。

大坊：不过，我着实感到自己是一个几乎没有主见的人。正因为这样，我很怀疑年轻人来了我的店，是否真的能感受到金先生所说的那种东西。何为成年人，何为正确的做法，我感觉自己似乎不具有这般确切的主见。诚然，在不断积累经验的过程中，我并不是对事情没有是非的判断。只不过作为一个不具有成年人应有的主见的人，年轻人看见我不断尝试的样子，真能找到值得学习的地方吗？我自己都觉得很不可思议。

森光：（对惠子说）他说得不对吧。

惠子：不过呢，不光是你，当一个人看到一幅画，如果觉得它好，或者觉得它特别，是因为这个人心中有自己的内核。人的内核指的是当一个人遇上各种事情时，心里保有的最基础的东西。也许这个最基础的内核就是只有他才有的原则。因此，你不能说自己完全没有主见。

大坊：可是我在工作时，从来没有思考过什么理论的依据。

惠子：有没有理论依据不是判断的重点！

大坊：嗯……

编辑：但是昨天，我们听说大坊先生最近在散步，于是问他散步的时候会不会背包。大坊先生立刻回答道"不，我不背"。这说明先生有着明确的坚持。

惠子：在这方面呢，非常有坚持。

森光：所以说还是有的。哈哈哈。

大坊：哪里哪里。我只是不做自己不喜欢的打扮。

森光：这不就是了嘛！

大坊：这就是"主见"吗？

森光：就是这样。

惠子：如果就这方面来说，没有人像他一样好恶分明的。

大坊：真的吗？！

惠子：哈哈哈哈哈。比方说，我给他买了衣服。他轻轻地扫过一眼后，如果不喜欢的话是绝对不会碰的。

充子：啊，我家的这位也一样。

惠子：就算我绞尽脑汁想要引起他的兴趣，他也绝对不穿。这难道不是你有原则的证明吗？

大坊：如果我在走路的时候做了一件事，森光先生从后面跟上来，也许他会向我指出，其实我做这件事情的背后存在着某种原理。

森光：所以会有"后来回想起来，原来是这么一回事"。

惠子：只不过呢，这个人不会把自己的内核表现出来。尽管有，却把它深埋心底，谁都不知道罢了。

编辑：我想来店里的客人会察觉到一些端倪吧。话说回来，在前些日子大坊先生谈到了"不适应的事"。能稍微讲一下吗？

大坊：这次木内升先生负责我们店（自出版的）书的编辑工作。木内先生为书撰写了编后记。他看到我做咖啡的样子，说这个人就算过了几十年恐怕也无法完全适应工作。

我总是反反复复地提醒店里的员工"不要适应"工作。也会经常提醒他们"不要适应人"。我认为这些是说给自己听的。读木内先生的文章，我感到他并没有只停留在表面，而是在文中点出"大坊咖啡店"在对待事物时，最基本的能力是"不适应"。我深感自己被他看穿了，反过来说是被他点醒了。这有点像我刚才说的，自己都这把年纪了，还没什么主见。

森光：应该是恰恰相反吧。

大坊：嗯？

森光：我的意思是，您身上有"不适应"的资质。这不就是您的主见吗？

大坊："有主见"难道不是指适应了某件事情的状态吗？

森光：不，不是这样。大坊先生您所谓的"没有主见"，不就是您的主见吗？MOKA的店长曾经对我说过"工作要张弛有度"。这句话我一直牢牢记住。此外，襟立先生教导我"在做今天的工作时，应该想着明天的主题"。我认为这些和"不适应"的态度是一样的。

不过，MOKA的店长还说过，店员必须适应客人。不能对客人的形象妄下定论，保持和客人之间的最佳距离也很重要。

大坊：虽然我和在MOKA工作过的您立场不同，不过在决定开咖啡店的那段时期，因为家住在吉祥寺附近，所以我经常去MOKA喝咖啡。那个时候我见到了标交纪先生。我记得他穿着调酒师的夹克。他比我们年长大概十岁吧。还有他穿着白衬衫，系着领带，用计量秤称咖啡豆时的姿势，全都迷人极了。

森光：我反倒是不想追随前人的步伐，而更多地关注其他方向，找寻自己的特点……说起来，我是中途才开始另辟蹊径的，刚开始的时候都一样。哈哈哈。

标先生如果在国外的餐厅里吃到了奇怪的东西，势必会抱怨一番。他对 MOKA 的客人也是一样的态度。哪怕客人因此不再光顾，他也一定会直来直去。我讲一件逸事，虽然有一定夸张的成分。有客人点的咖啡没喝完就离开了，标先生追赶过去，质问对方："为什么要剩下店里的咖啡？"还说："我店里的咖啡是不会让人喝剩下的。"他是一个非常忠于自我的人。

编辑：咖啡师的社会地位有改变吗？咖啡师现在是令人向往的职业，还是说，做咖啡对很多人来说是可选的第三条路，也就是另一条人生路径。

大坊：我当初开店时，完全没有什么向往……

森光：当年做咖啡是酒水生意。

周围对 MOKA 店长的认识，与其说是怀着尊敬和崇拜之心，更像是把他当成个怪人，坚持自己烘焙咖啡豆的性格怪僻的人。那时的确有受欢迎的咖啡店，比如"琥珀咖啡馆"，还有位于荻洼区的"琲珈里"。

大坊：将咖啡看作酒水生意的现实，到现在也基本上没有变吧。比方说筹备咖啡店的开店资金这件事，银行的融资对象中一开始被排除的就是咖啡店。我觉得在这个层面上基本没什么改变。

森光：虽然依旧受到资本逻辑的排斥，但是咖啡店在年轻人的意识里已经和过去不同了。

大坊：您怎样看待所谓的年轻人的意识这个趋势呢？

编辑：和两位年轻时不同，现在的人没有经历过社会经济的快速发展时期，所以在他们的意识中，社会是在走下坡路的。有的人虽然在大企业工作，可是也没有什么目标，也不能说生活得无忧无虑。在这样的环境下，人们应该如何选择自己的人生。做咖啡是其中的一个选择。在两位坚持不懈的咖啡生涯中，有没有想要改变现状的意愿呢？会想要通过做咖啡来挑战旧有的社会等级观念吗？

大坊：我内心对此是抱着坚定态度的。我做的事情是向社会证明还存在着另外一种做法。我希望工作的各个方面都能彰显这个原则，不论是烘焙、萃取还是做咖啡豆拼配，这些工序我都决定在客人能够看见的地方进行。我在做的事情，任何人只要想做都能实现。我用的咖啡器具也不是昂贵的东西。用来做萃取的滤布，把法兰绒布剪好形状后套上支架就做好了。只要有心就能做到。不过我之所以坚持身体力行，是想要把自己的店作为对抗大企业连锁店的一种方式。我对此抱有强烈的态度。

开店当初，为了维持生计而绞尽脑汁，没有心思去想这些。（20 世纪）90 年代中期，星巴克咖啡在东京开店，这件事让我很强烈地意识到对抗连锁商业形态的必要性。

森光：我一直坚持至今，因为始终想着有客人是为了寻找一杯好咖啡而来的。哪怕一天只有一个人。之后，我多么希望每天都是如此。在开店的三十六年间，虽然和我们刚才说的数字话题不太一样，但咖啡店只要解决了一部分销售额的问题，那就是很轻松的生意。尽管抵达此地之前的路途十分艰辛。

在店开了十年时，我去了也门和埃塞俄比亚，亲眼见到当地虽然物资匮乏，却有着富饶的精神世界。这段经历让我认识到原来奇怪的是日本。我们虽然不是生活在不丹，但是那种以人的幸福感为衡量标准的价值观非常重要。

正因如此，我们更应该在此生做自己喜欢的事情。不一定要过上班族式的生活。我想让年轻人知道，人生还有其他的活法。

大坊：在店里卖咖啡的工作，完全是以"个人"为对象的事情。一位，下一位。不可能一次性接待一群人。而星巴克可以同时吸引成批的受众，它在这方面的技巧对抓住大众心理是很有帮助的。数不清的人因为星巴克而对咖啡产生兴趣，这是星巴克做出的灿烂功绩。只不过我们自始至终都坚持尽全力做出每一杯咖啡，来面对每一位客人。我们的方式真的一点一点地扩散开去，就这样走到了现在。

房地产神话破灭、泡沫经济后银行走向倒闭，我们确信无疑的事和认为不可能的事都被现实颠覆了。我们生活的这个世界，没有什么事情是待在大树下就可以永远安心的。既然现实如此，我们何不朝着自己的心之所向，创造属于自己的小小世界。想要尝试这条路的人越来越多。还有另外一点，东日本大地震的发生促使人们反思自己的生活。面对前途未卜的状况，人们开始意识到应该选择对得起自己的生活方式。

编辑：有的人认为，日本的咖啡文化在战后呈现出独特的混沌状态，反而在美国的西海岸开始出现做法兰绒手冲咖啡的风潮。我想请问……为什么日本出现了像二位这样特别的咖啡人呢？能否将之归于"日本"的特性呢？

关于日本的咖啡文化，在这里仅谈法兰绒手冲和自家烘焙，在这两方面能够有着如此深入细致见解的人，恐怕屈指可数。对于日本咖啡文化中是否存在某种特殊性，两位有着怎样的看法呢？

大坊：其中的一个原因我认为是社会性质的不同。欧美社会是诉讼社会，比起彼此之间互相让步，欧美更倾向于不承认自己的过失。不过不知道出于什么原因，在日本也有越来越多的人认为不这样做就会吃亏。

可是喝茶这件事情和上述价值观恰好相反。不单单是日本，其他国家和地区的人在和别人一起喝茶这件事上，立场也是一样的。喝茶不是一味地伸张自己的权利，而是珍惜彼此共处的时间。也许这个倾向只是出现在国外一部分人之间，也有可能是全世界在朝着这个方向发展。

惠子：日本的手冲咖啡文化也许受到了茶道文化的影响。端给客人的一杯茶中注入了自己的全部身心。它不过是一杯茶而已，喝下肚后不足以饱腹。可是人们在那一杯茶里，品出人与人的一期一会。茶道不只为茶，还要为"道"。

充子：有时候客人看到我们冲咖啡的样子，会说"就像茶道里的点茶"。

惠子：我们这里也是。把咖啡视为"道"，不断地去探究。不论是茶还是咖啡，在求道的过程中，人生和生活都会随之发生改变。另外，对咖啡倾注如此这般的热忱，我想这和茶道在根本上并无二致。

在日本，有的人在制作一杯茶、一杯咖啡时，内心怀着对神和自然的敬畏。有的人喜欢在喝茶的同时感受当下的氛围，观花品茗。这是日本文化的宝贵之处。

编辑：就像油画画家在日本创作油画，可最终的作品中有的地方让人感觉和日本的风土水土不服。在乐器上也是，终究和西洋是不同的。请问两位是否产生过"咖啡是西方人的饮品"这样的感受呢？

森光：就这一点来说……反而，没有过。完全没有。我开始接触咖啡的那个年代，咖啡还没有普及。我是去MOKA咖啡店才第一次知道原来咖啡是经过烘焙之后才会是那样的颜色。大家的意识里没有这个。不知道生豆要经过烘焙后才能成为咖啡。只是觉得很新奇，并没有去想更多的东西。

大坊：不知道我要说的能否算是回答。我在开咖啡店之前做了很多的思考，意识到自己要着手做一件原材料只能依靠外国的事情。我认为这是一个问题。

森光：因为我的亲戚在夏威夷经营咖啡庄园，我反而认为如果在日本使用咖啡豆的话，会对当地的工作有所帮助。我从一开始就怀抱着这样的想法。这个初衷促使我到现在依然坚持去拜访产地。

编辑：最近，在咖啡行业出现了越来越多努力的年轻人。其中很多人是看着两位的背影前行的——森光先生和大坊先生作为现役的咖啡师，也许是最后的匠人世代。不过也有很多人是被近期的潮流吸引而开始做咖啡的，并不知道曾经的那段历史。

大坊：尤其是森光先生所讲的关于土壤的话，真想让更多的人听见。

森光：哈哈哈哈。

现在咖啡店是社会的需求之一。但咖啡在我们那个年代是需要自己去创造的。纯喫茶店比专门卖咖啡的店要多，店里会提供水果芭菲、凉粉[1]、安倍川饼[2]等食物。

大坊：我上高中之前是不被允许进入喫茶店的。很多人认为去纯喫茶店是一件不好的事情。我在读高中时，虽然不至于成天泡在那个地方，但是去得很频繁。等到高中快毕业的那段时间，我约了这位（惠子女士）去一家放着古典音乐的纯喫茶店，喝的也是咖啡。要说味道怎么样……我当时肯定没觉得好喝。

说不让去反而更想去。我呢，从孩童时代起就比较叛逆。大人们不让做的事情，我一定会做。那个时候，我和高中的挚友会约在傍晚碰面，一起挨家探店。那个家伙总是走在我前面几步。他爱好文学，我也受他的影响开始接触文学。有时候我们会聊一些正在读的俄罗斯文学。不知道为什么，我们最开始碰面的地点是一家叫作"淡路"的关东煮店。我在那家店还吃了核桃拌的年糕。

1　凉粉，日语原文为"ところてん"，是将名为石花菜的海草加水煮沸，汤汁过滤后冷却凝结制成的食物。通常将凝结后的粉冻放入特殊的磨具中按压成条，配以醋、酱油或者黑糖食用。

2　安倍川饼，日语原文为"あべかわ餅"，和果子的一种，是静冈县特产。做法是在现打的年糕上撒黄豆粉，再撒上白糖。

之前我说过一次自己开咖啡店的缘由，提到了创办迷你杂志的事情。我确实在开店之前想过那方面的事。将咖啡店作为交流和联结的场所，在这个地方向人们传递一些微小的理念。我当初有着非常清晰的开店构想。

将一种想法以可见的方式呈现出来，不论是怎样的想法，该行为对于立场相反的人来说都足以构成一种反对。于是我改变了想法，放弃自我主张。另外，我曾经将揭开真相的面纱作为创办迷你杂志的使命。后来这个想法也发生了变化。水至清则无鱼，有的时候事情模糊一些，人更容易找到立足之地。

只要在喝咖啡的刹那间，你能回到最初的自己，这就足够了。一直以来我都是这样想的。在这一点上，并不是说我带给对方什么影响，而是每个人感受到他自己才能感受到的东西，这就够了。

森光：这是我们共同的希冀。我店里的商标是一个刚睡醒的达摩不倒翁，之所以用这个标志是希望我做的咖啡能够让客人喝下之后回归最为真实的自己。

惠子：我们希望客人在店里看着咖啡师做咖啡的样子，喝着手里的一杯咖啡，心里烦恼的事情、感到沉重的事情能够一点点地被融化掉，回到最初的自己。

森光：每当我看到客人喝着咖啡，惬意地享受着店里的时间和空间，便会感到十分宽慰和满足。（照片是"咖啡美美"在每天刚开店时做的看颜色用的样品咖啡。这杯献给咖啡之神。）

大坊：艺术家是个人表现者。您想过咖啡店的空间、咖

啡也是自我实现的一种方式吗？

森光：嗯……我想过它们是一种体现。这方面我不太清楚。

大坊：比方说，店里挂着自己喜欢的绘画。某天一位客人说"您挂的画真好"，这也许说明对方看到了其中体现的我。嗯，不过我并不会总是思考这些事情。但是自己不喜欢的画是绝对不会挂在店里的。

森光：的确，绝对不会挂的。

大坊：因此如果用自己的心之所好装点店内的话，到访的客人也会是同好中人。也许是这么回事。

森光：嗯，很难说。我之前也提到过，越是强调"咖啡专门店"，客人就越容易觉得进店门槛高。我在之前的那家店就听到过这样的话。现在也是，有很多人会感到紧张，对进店喝咖啡这件事心怀抵触。

大坊：我的店也经常被这么说。之前有很多客人会对我说，总感觉不好意思进我的店，今天鼓起勇气第一次来。好像我这个人很容易让别人觉得我是一个顽固偏执的老头儿。

（众人爆笑）

森光：嗯，是的，别人怎么想也没办法。

大坊：我们说了这么多，有一点是我或多或少想过，但至今没有特意去做的。那就是让两种意见共存，而且是同等地并列。每一种意见的价值都是一样的，虽然不至于说同等的意见相互侃侃谔谔，但是不同的意见应该共存。

所以尽管是坚持自己，可是当我意识到他人的意见的存在时，还能否坚持自己呢？我可能是在有意识地将不同的想法并列出来。我把自己喜欢的东西摆在店里，观照有多少人接受它们；同时也是观照自己对店里到访客人的接受度的过程。这是对我们开店的人的一番试练。

也许会有价值观完全不同，和店本身完全不相宜的人进来。可无论来者何人，都一视同仁。我之前讲过这个插曲：第一次来的客人，第二次来时和之前比有了一些变化，第三次来时又有一些变化。这样的变化不单单是思想上的，我认为是个人世界的壁垒在变化中逐渐瓦解。我比较相信这种可能性的存在。

森光：嗯。虽然之前也说过了，我呢，只要一天有一个人来喝咖啡就满足了。尽管这只是我的愿景，是一个假设。但这样的人一定会来，我等待着他的出现，我心中是怀揣着这个信念在开店的。

大坊：这个想法很接近"咖啡之神"的信念。

森光：哈哈哈哈。没错。嗯，可能是这么回事。也许是我的一厢情愿。我之前也聊到过，神时不时会派人来帮助我，偶尔会有人突然出现，对我出手相救。不过，大坊先生您之前对我说，这些都只是我的主观臆想。

我这个人相信命运的安排。咖啡之神会在某个时候派某个人进入我的世界。现在是这个过程的延续，今后亦然。

大坊：因此，如果要以长辈的身份向那些烦恼于咖啡豆烘焙的年轻咖啡师们说些什么的话，呵呵呵，那就是"你们正在经历的东西，我同样也经历了"。这句就够了，我们都一样。

森光：嗯，要说的就是这些。过去的我们和现在的年轻人也差不多。

大坊：在修行这件事上，存在着这么一种态度：找到敬仰的老师，跟随他学习。我对这种做法深表敬意。可是真正的修行难道不是独立之后才开始的吗？所谓的"修行"指的是看着老师的身影进行学习。可我认为，个人独立之后才是真正的修行。

森光先生经常挂在嘴边的话"重复再重复"，即是属于一个人的行为。一遍又一遍地重复着自己的行为，这是告别尊师实现个人独立后，只有自己才能体会的部分。不论从事什么职业，也许都是这个道理。自己会成为怎样的人，这是每个人需要用其一生来完成的工作。

借用我敬爱的诗人西胁顺三郎（1894—1982）的话："孤单的事物是美丽的。美丽的事物是孤单的。"为什么很多好的东西都诞生于孤独？为什么人喜欢喝咖啡这样苦涩的饮品？也许这些原理都是相通的。

森光：在我们开咖啡店的昭和50年（1975年），那个年代对失败是很包容的。因为那时几乎没有和咖啡有关的信息，我们只能自己摸着石头过河。尽管和现在比起来，我们当时做的事情是那么的孤独。可反过来，当我们有所发现，对咖啡的理解更加深一步时，我们感受到的喜悦也是刻骨铭心的。那些时间和体验是如此弥足珍贵。

大坊：说到底，我们只能在自己能够感知的范围内追求自己觉得好的东西。也不能让别人替自己做品测。每个人只能在自己的能力范围内全力以赴。哪怕他的感官不足够敏锐。

我感觉很多人在向他人传达自己的味觉感受时，会列出各种数值来一决高下。而我想做的是数值无法传达的领域，探索咖啡的风味表情。就算某天我的味觉面临着严峻的现实考验，我也决心欣然接受现实。尽管这令人难过。

这次和森光先生对谈下来，我一度惊愕地意识到自己迄今为止实在太缺乏思考。可过后回想起来又觉得并非如此。我们谈到的很多要素也许暗示着我的思考。有一个很大的原因是我不开店之后，能够有时间将它们说出来。

编辑：咖啡店的未来是怎样的呢？喫茶店和咖啡店会继续存在吗？

森光：咖啡店的未来靠的是年轻人的选择，他们有决定权。等今后的咖啡机器越来越先进，生豆也越来越容易到手，会有更多的人喜欢在家里喝咖啡吧。不过我不希望日本变成法国今天那样。不知道为什么，如今在法国喝到的咖啡品质很差。

大坊：法国的咖啡怎么了？

森光：很难喝。

我认为喫茶店是一个"场域"，是能够回归本我的地方。所以人们才会想要回到非日常的自己，也许这才是人的本质。尽管喫茶店的发展暂时停滞了，但我相信它慢慢会再次被我们的社会所需要。日本的喫茶店比欧美的咖啡店要更超前。也许在国外看来，日本的咖啡和喫茶店文化是很好的范本。不论是在法国还是在意大利，都喝不到这么好喝的咖啡。不过，今后手冲咖啡在欧美也会越来越受到关注。

您关店之后，有没有想过出门旅游呢？

大坊：这个，我应该怎么说呢，就像我刚开始说的，什么都不做这件事对我来说不是消极的，反倒是一个积极的选择……

森光：不过，熊谷先生一开始也是如此。比起绘画这件事，白色的画布更能让他获得美的体验。

大坊：因为我有自己的标准，所以咖啡的味道是不能变差的。可我是否要一直维持现在的状态，还是改变路线，追求更好的东西，抑或是我可以什么都不做，过闲来无事的生活。这些是我经常思考的东西。森光先生您内心某处难道没有这样的想法吗？

森光：我多希望自己也能追求不同的状态。随着熊谷先生渐渐步入晚年，他的绘画也发生了变化，变得愈发灵动。在我看来，这是因为熊谷先生自身在不断变化。

大坊：若是像熊谷先生那样过着闲散无为的生活，应该如何才能保持活跃的精神状态呢？

森光：嗯……也许要保持对周遭的好奇心。

大坊：当我想着"要做好某种咖啡的味道"的时候，自己可以保持精神活跃。可如果是没事做的状态的话……

森光：难道不正是因为处于这样的状态，才会诞生出特别的东西吗？

大坊：您说得没错。也许会诞生出特别的东西。但也许不会。

森光：也许不会，但也许会。

编辑：一直以来，大坊先生您都坚持着高标准的工作，如果再次回到这样的轨道，我想您一定会对此思绪万千。如今越来越多的年轻咖啡师只做咖啡豆贩卖，选择去咖啡店的人越来越少。这样的状况令人不免感到唏嘘。对此您怎么看呢？

大坊：如今在互联网上做推广这件事变得稀松平常。在某种程度上这种方式促使新的机会出现。在小空间里一个人做咖啡的业态也成为可能。只贩卖咖啡豆的话，有少量的资金就可以进行，我想也有这方面的原因。只不过我很难想象自己只卖咖啡豆。刚才我谈到开店的时候了一个特别的表达：自我实现，因为我觉得开店才会有意思。我现在连自己喝的咖啡豆都没有，对此很是苦恼。刚才森光先生给了我咖啡豆，我太开心了。

森光：哈哈哈。从今往后，我希望自己能致力于将日本的法兰绒手冲咖啡推广到世界各地的千家万户。在这一点上，大坊先生和我都是搭乘"咖啡号"这艘船的伙伴。

大坊：在这艘船上，您的工作是什么呢？

森光：嗯，掌舵人？或者是气象监测员。

大坊：我通过自己开店的经历，向客人们展示出咖啡所具有的别样的风味。在各地的"咖啡文化学会"上大家经常讨论要不要组织"咖啡享受会"。享受咖啡，这是我三十八年间每天都在做的事情。客人来店里觉得咖啡很好喝，在这里度过了美好的时间，收获了珍贵的回忆。这些都是在"享受咖啡"。

我走在路上时，总觉得街上的所有人在今后的某个时间点都有可能成为店里的客人。不论他们去往什么地方，做着怎样的事情，他们之中可能有谁来过我的店里，曾经是我的客人。

所以现在店没有了，对我来说等于什么都没有了。在这样的情况下我能否保持积极的心态呢？也许再过十年来看，这些事情并不重要。读书、思考、与朋友交谈，逐渐地，这些事情也能让我感到生活充实。如果真能这样就好了。

我再说一下，和森光先生聊天，您认为我们的所有思考都和神的理法有关，这一点让我很震惊。

森光：嗯。我从以前开始就一直相信命中注定之事，现在的我也站在命运的延长线上。无论是教会音乐还是教堂的屋顶壁画，曾经都是为了进献神明而创作的。咖啡也是。在咖啡被作为药品的时代，饮用它是为了与神交流。后来民主主义和资本主义兴起，世界的价值观转向以人为本。可是要追根溯源的话，咖啡在最初乃寄托着人类向神明的祈祷。

大坊：您对于万事万物与神明关系的思考令我印象深刻。我在做咖啡时并未如此深入地思考过。我回顾自己的做法，简单粗暴地说，大多数时候我都在自作聪明。这次和您对谈让我认识到两两相加的重要性，不能够一分为二。

森光：您别这样说。每个人都有不同于别人的地方。

稻垣足穗是我十分尊敬的作家。他有一句话是："世间的一切不都是回忆吗？"这句话的意思是如果我们站在宇宙的彼岸遥望，一个人的人生是多么微不足道的事啊。昨日的人生如同幻梦一场。最终是自己，又不是自己。虽然我们能清楚地了解别人，可却不了解自己。我接触到足穗的作品后，逐渐有了这些认识。

稻垣足穗、北大路鲁山人、熊谷守一，这三位是我认为的"昭和三大奇人"。也许努力凝视自我的人，最终都会成为奇人。

MOKA 的店长，还有"琥珀咖啡馆"的关口（一郎）先生也一样。凡事都从手心开始。只要认真地凝视自己的手心，自然能以小见大，观得全局。微小的事能够真正地打动人心。因为感动人心的事物往往出人意料地就藏在身边。只不过看我们能否接受这样的感动。这和每个人自身的力量也有关系。

我曾经从一杯咖啡中获得了深铭肺腑的感动。只是一杯咖啡，也能够给他人以感动。这样的体验是我通过做咖啡而亲身领会到的。

大坊：我也是这样。我觉得自己能遇见咖啡这个饮品实在是太好了。以前我为很多客人做咖啡，接下来也许该是我自己喝的时候了。不管是不是咖啡专门店，只要菜单上有咖啡我就点。

森光：哈哈哈哈哈，我可不会点。

大坊：呵呵呵，您也喝着试试呀。都是咖啡。

森光：我再问一下您可以吗？真的不重新开店了吗？

大坊：坦白地说，像我这样的人如果离开了咖啡，还能否活得精彩呢？还是变得和死没什么区别呢？现在我很想弄清楚这点。我现在六十七岁，依靠着咖啡走过了迄今为止的人生。这段经历让我变成了一个怎样的人；之后的十年，我又能成为怎样的人？这是一场修行。每个人在不同的人生阶段都会有相应的主题吧。

在过去，我之所以对每一位客人都抱着好奇心，难道不正是因为每个人的人生所具备的这些部分吗？虽然我无法正确地理解别人的事情，可我心里有一个地方始终想在力所能及的范围内帮助他人。尽管我的这个想法不是用语言表达来实现的，而更多是靠自己的想象。我喜欢这样的想象，并且我认为它是可信的。

如果从肉体的角度来思考我的存在，借用画家平野辽的话来说，我"既不是黑暗也不是光明"。可人不就是这样吗？的确，人生有低谷有高峰。可不论面临怎样的境遇，人都是以肉体活着，肉体在克服逆境，在欢欣雀跃，抑或在怅然若失。简单来说，不过是一个平凡的人过着平凡的日常生活罢了。

我的身体既有全身心投入咖啡的阶段，也有离开咖啡的阶段。但无论如何，身体的客观存在是不变的。当我们去掉外部附加的各种东西之后再回望自我，此时所看见的难道不是人最本质的存在形态吗？因此今后的人生对我来说是一段未知的经历，也许我能够获得很多过去从未有过的新鲜感受。我很期待。

森光：我想我会做咖啡做一辈子。在我看来，建立一种新的烘焙方法，相当于在绘画上创作了一幅新的作品。而我就像画家，完成一幅作品随即进入下一幅作品的准备工作，一直做咖啡。嗯，我的心愿就是最后能倒在吧台。如果是正在烘焙咖啡豆的话，因为开着火，会很危险。在吧台比较安全。哈哈哈。

"MOKA 咖啡店"的标先生在去世前的一段时间缩小了

咖啡店的经营规模，改成只贩卖咖啡豆。我想改变的出现是因为咖啡之神的指引。此乃"咖啡之道"。因此，我们的咖啡人生的轨迹不也是受到某种伟大力量的指引吗？

大坊：是"咖啡之神"吗？

森光：哈哈哈哈。我把自己看作咖啡的仆人。

书后记

大坊胜次

关店后，隔了很长一段时间，有位客人听闻消息，给我寄来了这样一封信。

（前略）距离现在已有十八年，在二十岁时，我第一次去了"大坊咖啡店"。我记得自己坐在吧台前，点了一杯最浓的咖啡。您神态淡然，一丝不苟地为我冲了咖啡，随后便开始筛选装在竹篓里的咖啡豆。

我感受到了您对这份工作的信念，这家店对咖啡的专注。这些丝毫没有给我留下过于沉重的印象。（后略）

曾经发生过这样的事情。

也是我在吧台里面，把咖啡豆放到竹篓里进行筛选的时候。我记得当时在吧台有一位客人坐在正对着我的位置，靠里的座位坐着一位客人，还有一位客人坐在靠近门口的位置。三个人都是单独来的，大家坐在店里，沉默着。坐在我面前的这位客人是熟客，他不怎么说话。当时我也安静地挑选着咖啡豆，注意力慢慢地全部集中到了手上的工作。我心里想着快点挑选完，结果渐渐地忘记了客人的存在，进入忘我工作的状态。这时，坐在我对面的客人开口了。

"我一直觉得您为人宽厚，怎料您在挑选咖啡豆时毫不留情。"

"啊？"

他语出惊人，我一下子不知道该如何回应。

当即，坐在里面的客人饶有趣味地迎合道："原来如此，还真是这样。"

安静的店内，每个人都沉默不语。只有一个人在不停地用手扒着咖啡豆挑选，豆子间摩擦发出"沙沙"的声响，回荡在室内。也许静谧的空气让坐在吧台前的这位客人不由得想说一些话来打破当下的氛围吧。开口的时机成熟了。虽然他说话的声音很小，但足以在店内回响。坐在里面的客人也感同身受般附和着。要是刚才说话的这个人继续保持沉默，里面的客人也会说一些什么。也许，他们的行为是对无视客人而专注挑选豆子的我的一种讽刺。

每每遇到这种时刻，我会暗自窃喜。时机成熟了。

其实，这位客人的话中还包含有对我的回击。这位客人光顾我的店有二十年的时间。我记得大约二十年前，他第一次来的时候，当时我也在吧台里筛选咖啡豆。他和现在一样，坐在我面前的吧台位置上，一言不发。我也一言不发地筛选着咖啡豆。也许筛选咖啡豆的工序对他来说是一件很新奇的事情。虽然他就在我眼前的位置，但我依然沉默地进行着手上的工作。可是我在心底觉得，如果一句话都不说会显得很奇怪。在这种心理的驱动下，我冷不丁地对他说道："您在想什么呢？"

这话没有经过我的大脑便脱口而出。不，也许在我的视线默默对着他的过程中，不知不觉间好奇起来他脑中的思绪。于是忽然问出口来。

"啊？"

对方一下子不知所措。当然会这样。

我也因为说出了这样的话而感到非常窘迫。我不知道下一句该说什么，只好沉默不语。沉默地等着对方回答。

"什么也……没有……我只是在发呆……"

这位客人是比我大二十岁的年长者。虽然是一件微不足道的事情，但的确发生过。不知道这位客人是否还记得曾经发生的这件事，不过我记得，因此我觉得他刚才的那句话也许是对我的回击。然而，这件微不足道的事情，让我感到很开心。我甚至认为，也许正因为我那个时候的失言，他才会在之后的二十年间一直光临我的咖啡店。

我想再写一点关于这位客人的故事。这位客人从来都只点店里 15g 萃取 150cc，浓度第五的拼配咖啡。二十年来，在我印象中他没有喝过其他的东西。有一次他对我说："我现在喝不下 15g 的，能不能用 10g 来做呢？""冲淡一点对吗？没问题。"当时我很自然地改成 10g 咖啡豆，为他做了咖啡。面对客人的类似需求，我始终保持开放的心态，自然地做出回应。因为来店的客人里，有的人只能喝非常淡的咖啡，有的人甚至不喜欢喝咖啡。

之后过了一段时间，这位客人又问道："可以再减少一些咖啡豆的量吗？"一瞬间，他的话让我觉得难以置信。我随即反应过来，也许他的身体是不能喝咖啡的。"好的。没关系，可以做。"我若无其事地回答道。可是实际操作起来，难度非常大。因为用法兰绒滤布一滴一滴地做萃取的时候，要看着咖啡粉的状态，适当地转动滤布，或者移动水壶。只用 5g 咖啡粉的话，几乎看不出粉末的状态。可是要萃取 150cc 的咖啡，依然要花一定的时间。就算看不出咖啡粉的状态，也只能一心不乱地坚持以大坊式法兰绒萃取的方法做咖啡。这位客人在最初喝的是 15g 萃取、低浓度的咖啡。我想他不是能喝很多咖啡的人。尽管如此，二十年来，没准比这时间更长，他一直来我的店。不管是 5g 还是 2g，要用法兰绒滤布、点滴萃取法来完成，这是我的工作。我想那位客人也不能喝果汁和牛奶。不论采取怎样的形式，这位客人为了喝咖啡一直光顾我的店。

之后的某一天，他对我说："大坊先生，我要和您再见了。"

这句话让我一时语塞，不知道该说什么。也许他已经不能外出了。

"这么长时间，承蒙您照顾了。"

"是我应该谢谢您，感谢您这么多年一直光顾。"

那位客人走出了店门。

现在，我想起了他。

咖啡店是由来到这里的人所支撑起来的。我也是由来到店里的人所支持着的。关店之后，我常常想起曾经坐在店里的客人们。关店前我没有好好跟他们致谢交代。现在，每当我想起他们，便补上道谢。回忆让我保持着心灵的平静。

森光先生。

现在我谈及咖啡，便会想起您。很多人谈及咖啡，都会想起您。

人们停下匆忙的脚步，走进咖啡店，喝一杯咖啡。他们停下来，回味过去，思考未来。咖啡店能带给他们的只有一杯咖啡。这一杯咖啡，如果能为他们的心灵带来些许的慰藉，对于开店的人来说，就没有比这更令人感到欣慰的事了。

对谈后记

森光宗男

1.

我受到自己心之所向以及命运的牵引，走上了咖啡之路。

一滴又一滴的风味的余韵带给人们内心的平静和活力。咖啡具有的不可思议的魔力究竟来源于何处？为了找寻答案，我去了咖啡的诞生地，埃塞俄比亚和也门，甚至尝了那里土壤的味道。

我开咖啡店已经有四十余载的时间。

我不喜欢和人打交道，撒起谎来面不改色。

対談を終えて

自分であって自分でない七ノに導かれ

珈琲をやってきた。

滴一滴の風味の余韻が人にやすらぎと

活力を持たせる。その不思議さが何なのか、

私は珈琲のルーツ国エチオピア、イエメンまで

も訪ねて、土を食べた。

もう珈琲屋で四十余年が過ぎてしまった。

私は人間嫌いだった、平気で嘘をつく

2.

成年人不值得相信。可是，当我看到人在祈祷的时候，
我感到目睹了人的真实。
当我遇见咖啡的时候，我由衷地感到欣喜。
咖啡很有趣，我每一天都过得很快乐。
独立开店的时候，算盘打得不灵光，经历了很长一段痛苦
的时期。
虽然咖啡喝起来很苦，但是生活尝起来从来不苦。
不论什么时候，我从来没有在咖啡的事情上撒过谎。

我从昭和时代的奇人，足穗、鲁山人、熊谷守一身上学到
很多。

大人は信用が出来ない。しかし、祈る人を
身近に見た時
人の真実を見た思いがした。
珈琲を識った時、心底嬉しく思った。
面白くて毎日が楽しくて…。自分で
店を持ち算盤が不手で苦しい時期が
長かったけれど、珈琲は苦くても日々は
苦くはなかった。
そしてどんな時も珈琲で嘘をついたことはない。

私は昭和の奇人、足穂や魯山人、クマガイ
モリカズに学んだ。

3.

就开店来说，古代美术鉴赏家秦秀雄先生，书法家前崎鼎之先生，陶艺家山本源太先生，木匠井上干太先生等人相继出现在我的身边，给予我莫大的支持。

如果要我举例说明从他们身上学到的东西，比如我敬爱的画家熊谷守一先生创作的《雨滴》这幅画所表现的情景。轮廓线条令我想到生命的节奏，重复的形状是生命的旋律。色彩搭配和谐，犹如在听雨声奏响的卡农乐曲。
艺术家能将看不见的东西付之以形。

店に限れば古美術鑑賞家、秦秀雄
先生、書家の前崎鼎之、陶芸家の
山本源太、木工の井上幹太氏などなどが、
次々と現れて私を支えてくれた。

学んだことを例にあげれば、敬愛する画家
熊谷守一の作品に「雨滴」がある。その
輪郭線は生命のリズムを思わせ、くり返す
形はメロディとなり情景を表現する。
色彩が調和し、雨音のカノンを聴いている
ようだ。
芸術家は見えないモノを見える様にできる。

4.

绘画的形状和色彩与音乐相似，和味觉也有相通之处。

咖啡的苦味、甘味、酸味，还有隐藏起来的涩味相互交融，共奏出至福的一杯乐曲。

每一种咖啡，它的根源即是它独特的色彩和音色。

烘焙和萃取是对意象＝主题的演绎。

水穿透过滤层，一滴一滴，缓缓地落下褐色的玉珠。也许这缓慢流逝的时间，是我们回归真实自己的唯一魔法。

4.

絵画の形と色は音楽にも似ているが
味覚にも通じる。
珈琲の苦味、甘味、酸味、隠れている渋味
があいまって至福の一杯を奏でる
一つ一つの珈琲のもつオリジンはそのまま
色であり音である。
イメージ＝主題を表現することは焙煎で
あり抽出法であろう。
自らの濾過層を透し、ドリップされた
珠玉の一滴はゆっくりした中で生れる。
このゆっくりこそ自分が自分に還る
唯一の法かもしれない。

5.

我终于明白，人只有通过表达，才能活出真实的自我。

重复，再重复。我想一直做一个职人。

和大坊先生的交谈，让我能够从内心深处凝视自己。我看清了今后要做的事情。

5.

人は表現することで　自分が生かされている
ことに気づく。

クリカエシ　クリカエス　恥人でありたい。

大坊さんとの対談で、自分を深く見つめた
ことで、私のこれからやるべきことが見えてきた。

森光宗男